麦肯锡逻辑思考力

[日] 西村克己——著　张雯——译

1分間でマスター
論理力トレーニング

北京时代华文书局

图书在版编目（CIP）数据

麦肯锡逻辑思考力 /（日）西村克己著 ；张雯译．— 北京 ：北京时代华文书局，2018.9（2023.5 重印）

ISBN 978-7-5699-2560-9

Ⅰ．①麦… Ⅱ．①西… ②张… Ⅲ．①逻辑思维－研究 Ⅳ．① B804.1

中国版本图书馆 CIP 数据核字（2018）第 184187 号

北京市版权局著作权合同登记号 字：01-2021-4512

拼音书名 | MAIKENXI LUOJI SIKAOLI

出 版 人 | 陈　涛

策划编辑 | 胡俊生

责任编辑 | 周　磊

装帧设计 | 程　慧　王艾迪

责任印制 | 刘　银

出版发行 | 北京时代华文书局 http://www.bjsdsj.com.cn

北京市东城区安定门外大街 138 号皇城国际大厦 A 座 8 层

邮编：100011　电话：010 - 64263661　64261528

印　　刷 | 三河市嘉科万达彩色印刷有限公司　0316 - 3156777

（如发现印装质量问题，请与印刷厂联系调换）

开　　本 | 880 mm×1230 mm　1/32　　印　　张 | 6　　字　　数 | 136 千字

版　　次 | 2019 年 1 月第 1 版　　印　　次 | 2023 年 5 月第 5 次印刷

成品尺寸 | 145 mm×210 mm

定　　价 | 42.00 元

前言

本书能帮助你掌握有益于工作的逻辑思维。

理科读者或许会认为“我擅长逻辑思维，所以选学了理科，并且从事了与逻辑相关的工作”。但是你想错了。你并非因为擅长逻辑思维才选择理科，而是因为擅长数学类科目，才选择了理科。

教育部门所认定的逻辑思维，其实是所谓的“数学”。也就是说，“教育课程的逻辑思维=数学”。但在工作中，数学因素只占人们需要用到的逻辑思维的极小部分。例如，苏格拉底的经典理论——“人类会死，苏格拉底是人类，所以苏格拉底会死”——就不是数学。

当然，擅长数学的人在逻辑思维方面确实有优势，但在工作中所需用到的逻辑思维中，数学所占的比例少之又少。

本书将为你介绍在工作中需要用到的逻辑思维的理论、知识、思维方式、劝说方法等。本书在让你吸收理论和知识的同时，还能通过大量实例来吸取其他知识，很有阅读价值。此外，书中包含的内容丰富，譬如能让你现学现用的企业实例，或是职场中常见的陷阱等。

书中的问题和解说实例全部以真实事例为基础。部分抽象化的问题，则是以多位人士日常生活的经历改编的。本书可以让读者在学习知识的同时，掌握思考的智慧和工具。

用混凝土搭建知识的高楼大厦时，需要的是架构（思维方式）和钢筋（方法、理论）。同样的，在进行逻辑思维的时候，需要先正确掌握其理论和知识。

逻辑思维能力可以通过反复练习来掌握。就算你对理论了若指掌，但如果不使用，也是学不会的。

常有人问我："是不是只要学会逻辑思维，就能在工作中无所不能了？"我的答案是，视情况而定。这是为什么呢?

工作的种类分为两种，一种是需要用到逻辑思维的，另一种是要注重感性的。例如，判断某人的行为是否违规，只要比对事实和规定，就能依靠逻辑思维做出判断。可如果现在你想要的是鼓舞员工的士气，那就很难用逻辑思维来做到了。"你是这个项目的负责人，你必须好好干"——这种话你说再多遍，也未必能激发员工的干劲来。

也就是说，在人类的心理层面上，逻辑思维是行不通的。比如，有顾客向你投诉，情绪很激动。如果你从一开始就对其有理有据地分析问题，对方则很可能认为你是在狡辩。这时你就需要先听取顾客诉求，直至其情绪平稳下来为止。

本书以"问题+提示"的问答形式来呈现，所以请读者在看到提示后给自己留出至少五秒钟的时间。等得出自己的答案后，再阅读“解说”部分。因为思考后的阅读能使你更容易理解，留下更深刻的印象。

另外，除“解说”之外，本书还插入了许多“麦肯锡顾问教你”专题。如果读者觉得光看解说意犹未尽，可以通过图解来进行更深层次的学习。

这本书一定会让各位读者爱不释手。祝大家开卷有益！

西村克己

目录

CONTENTS

第一章

培养无死角的整体观，避免遗漏或重复

不想表述听起来像狡辩，就要善用MECE法则把握整体

你有没有过这种经历——你满怀热忱地想要说服别人，对方却并不愿意接受你的意见；或者，你自以为为演讲做了充分的准备，却被出乎意料的提问打了个措手不及？

当类似体验的频率变高，就说明你已经陷入了缺乏逻辑思维能力的困境。别人否定你的意见，或是用怪异的提问否定你的提案，并不代表对方想故意刁难你。正因为你未能用逻辑来衔接你的表述，或是重要的项目中存在遗漏，所以在遗漏被指出的时候，你才会感觉对方的问题在意料之外。

本章首先要明确的是狡辩和逻辑思维的不同。一旦你企图凭借罗列优点的做法来说服对方，你的表述就会变成狡辩。

接下来，你会学到在拓宽视野消除思维盲区的过程中需要注意的要点。并且，为了防止重复思考陷入打地鼠的僵局，我们还要学习如何用MECE（Mutually Exclusive Collectively Exhaustive，无遗漏无重复）法则来把握整体。不懂得MECE法则的读者，还请你在解决问题的过程中逐步了解其含义和使用方法。

把握整体以后，确立优先顺序

只要用MECE法则防止了思维的遗漏或重复，就能做到把握整体。一旦把握了整体，你就不会被出乎意料的提问吓倒。届时针对每一个提问，你都能在大脑中找到足以解释它的部分，就好像脑海中存在一幅世界地图。

看到我说“要用MECE法则把握整体”，可能有部分读者会觉得“就连工作时间都是有限的，我怎么可能全部把握呢”。不过，我的意思并不是要你用MECE法则来捕捉一切细节。

我想说的是，请你用MECE法则把握了整体后确立优先顺序。你可以与你最初设定的目标作比对，评估在达成目标的过程中哪些是需要的，哪些是不需要的；你要为需要的东西投入多少时间——思考它们的优先顺序，判断投资回报率。

如何才能拓宽视野？

如果你想要拓宽自己的视野以培养整体观，那么当你认定目标之后，提出的第一个问题的关键词应当就是“MECE法则”。

我想，体会到MECE法则重要性的读者这时就会感到好奇：“怎样才能做到MECE法则？”做到MECE法则是有诀窍的，那就是“反过来思考”。逆向思维，也是能帮你寻找死角的思考方法。

这里介绍三种可以现学现用的方法，以帮助你做到MECE法则。

一是“要消除死角，就不能仅仅思考正面因素，负面因素也必须考虑到。”譬如说，如果你能同时掌握好优势和劣势两方面，就能轻松发现死角了。

二是“大胆思考相反的替代方案，以消除死角。”假设你面前有一堆工作，非完成不可。这时你可以反过来思考一下，如果不完成的话会发生什么。思考完成后，相信你就不会去做那些回报率较低的工作了。

三是“按时间轴的顺序来思考。”按照“初期投资—维持费用—撤出费用”的顺序以“开始—过程—结果”来思考的话，视野就能得到拓展。此外，按照时间轴的顺序来整理工作的阶段安排，还能防止步骤的遗漏。

经过MECE法则定义后的整体被叫作“框架”。比如体育中的“心・体・技”就是框架的一种。后面会做详细说明，敬请期待。

问题01

不断强调优点的广告，真的效果好吗？

我们看广告的时候会发现，广告经常片面强调产品的优点。尤其是电视频道的广告，让人感觉商家对于“第一”的强调用力过猛。

那么，怎样才能让广告词不显得过于刻意，并且不会变成狡辩呢？

提示　商品真的全都是优点吗？

答案01

对缺点也进行说明，不留死角

【解说】狡辩与逻辑思维的区别

片面强调优点、故意隐瞒缺点的做法，会让观众感觉太过刻意。这时就应该把缺点也亮出来大方地说明，有意识地摆出堂堂正正的姿态来。

在表述时只强调优点而隐藏缺点，说出的话就成了狡辩。要想做到有逻辑，就得谨记不要像狡辩那样隐瞒缺点，而要留出死角。

所谓逻辑性，指的是“条理明确不自相矛盾”。你需要条理明晰，清楚地把自己的想法传达给听者。在这些条理中，决不能存在前后对应不上的矛盾。

要想做到有逻辑地说明，就必须时刻意识到“为什么”（Why）。如果你无法明确地回答“为什么”，就不能称之为有逻辑。例如，“从我的经验来说”这句话，就不是符合逻辑的说明，因为经验的内容只有体验了那段经历的人才知道。这种无法传达给他人的说明，不能算作有逻辑的解说。

在本章中，首先还请把注意点放在“消除死角”这一做到逻辑思维的大前提上，与我一同思考。

问题02

以提升饮食文化为目标的朝日啤酒为什么加入发泡酒市场竞争？

现今啤酒行业已经进入了产品多样化、竞争激烈的时代，可朝日啤酒却一度在“提升饮食文化”经营理念的引导下，对发泡酒的销售采取观望态势。之后，朝日下定决心推出了“使用深层海洋水酿制的发泡酒”，朝日为何会不惜颠覆经营理念也要加入发泡酒市场的竞夺呢？

提示　究竟什么是“做到逻辑思维的大前提”？

答案02

因为不想留下死角

【解说】消除思维的遗漏，拓宽视野

最初朝日啤酒之所以迟迟不启动发泡酒的销售，是因为考虑到这违背了其经营理念，无法为“提升饮食文化”做贡献。彼时朝日啤酒的思路是采用最高级的麦芽酿造美味的啤酒，致力于生产超干（super dry）品种。而就在朝日啤酒对发泡酒持观望态势的同时，麒麟啤酒以破竹之势拓展了市场，这逼得朝日啤酒不得不下定决心涉足发泡酒市场。

发泡酒因政府放宽管制采取低税率而诞生，放置新市场会使自己丧失商机。如果作为一家地区啤酒生产商，本身市场占有率小，完全可以选择不进入发泡酒市场。但对于以全国市场为目标的朝日啤酒而言，放宽管制就是商机。不能抓住商机，新市场就会被竞争对手肆意瓜分，自己也会因此丧失主导权。

所谓做到逻辑思维的大前提就是消除死角。朝日啤酒没有被单一思维所束缚，优先选择消除死角。消除思维的遗漏，拓宽视野，是做到逻辑思维的第一步。

问题03

为什么按照商定聚会，反而败兴而归？

总经理新搬进了一座独门独户的别墅，他的十个部下决定前去拜访，庆祝总经理乔迁新居。为给总经理夫人减轻负担，众人商定聚会那天“每人带上一两道菜”去拜访。而由于饮料较重，则由总经理来准备。一切安排妥当，那么结局会怎样呢？

提示　**这是我朋友的真实经历。个体最优的集合体，未必能做到集体最优。**

答案03

众人带来的食物多有重复，聚会很是败兴

【解说】用MECE法则来把握整体

当人们接到类似于“自由地去做能做的事情”这类抽象指令的时候，大多会出现两种情况。一是大部分人去做同一项工作；二是必需的工作被放置在一边，无人理会。

前述的问题中实际发生的情况是，大多数人都带了寿司过去。餐桌上摆满了寿司。除此之外，炸鸡和高级红酒也出现了好几份。虽然事先约定饮品由部长来准备，但大家都认为这种场合应该喝高级红酒，于是纷纷做了准备。

聚会中不见薯片等小零食的踪影，一开餐就是寿司和炸鸡，气氛还没热闹起来所有人就都吃饱了肚子，连带着酒也没喝上几口。聚会结束，众人败兴而归。

这和工作非常类似，把握整体、思考怎样的平衡才能使团队做出成绩至关重要。并且，在把握整体的时候，首先需要做到无遗漏无重复。这种无遗漏无重复的状态，在逻辑思维中被称为“MECE法则”。

麦肯锡顾问教你

用MECE法则把握整体，避免遗漏或重复

没有遗漏或重复的状态

MECE法则是一种能让人系统把握整体的思考方式，意思是“没有遗漏或重复”。那么，提醒自己做到MECE法则又为什么这样重要呢？

存在遗漏会造成死角，也就容易令人失去机会。举个例子，假设你做了一次不动产投资，在房产销售人员的推荐下购买了一栋租金年收益率5%的二手公寓。但是，如果你事先多做调查，说不定能够找到一栋租金年收益率7%的新建公寓。类似这样的遗漏，就造成了机会的丧失。

另外还需时刻铭记的是，“重复会引发浪费和混乱”。举个例子，要是财务部和人事部双方都负责计算工资，会发生什么？二次作业不仅会带来浪费，有时还会出现双方推卸责任的情况。

MECE法则能在许多情况下使用，比如开展新业务时、失去了对整体的把控时、努力了却无法得到成果和解决方案时、想用较少的精力换取较多成果时，等等。

确认目的后就用 MECE 法则来把握整体

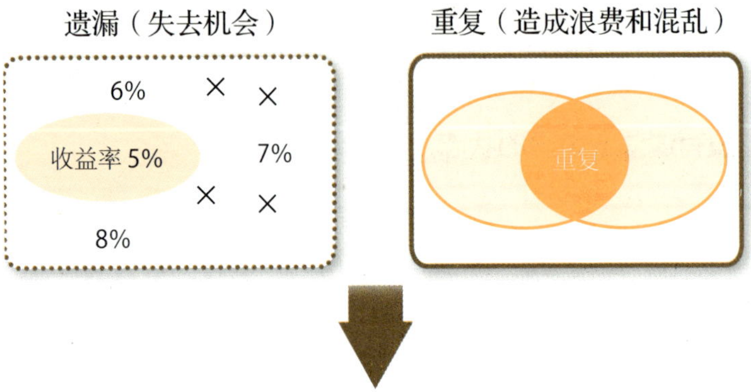

用 MECE 法则（无遗漏无重复状态）来思考

MECE 法则示意图

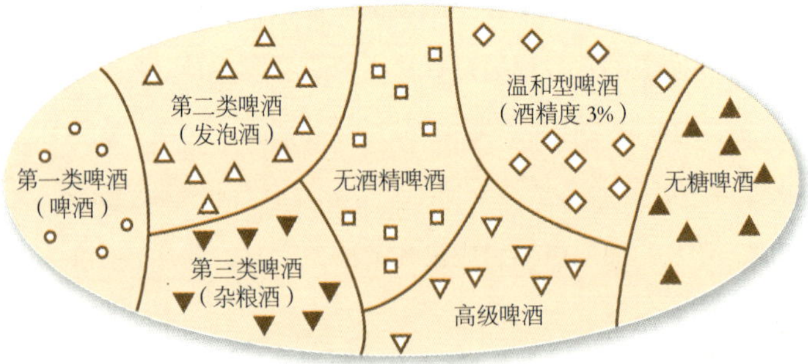

问题04

两家客流量大的超市大卖场，有什么共同特点？

7&I与Aeon都属于吸引客流能力极高的超市。这两家超市采取了什么措施呢？请站在吸引客流的手段这一视角来思考。

提示　都说一旦什么地方建成7&I和Aeon，其周边环境就会发生改变。前些日子我在浜松市听说，Aeon建成后有许多人搬家到其周边，催生出了一条住宅街。

答案04

构建一站式购物中心

【解说】按整体来看待

7&I和Aeon将自己的商场定位为日常购物和休闲的场所，具体来说就是构建一站式购物中心。譬如，商场中提供电影院、餐饮店、游戏中心、健身房、医疗设施等多项服务。这两家企业，把店铺周边也算在整体之内。

以前在冈山的仓敷有一家“CHIBORI公园”，它的位置极佳，距离仓敷站不远。当Aeon在它附近开设店铺，人们希望商场的建成能增加公园的客流量。然而，结果却与事与愿违，附近的人们更愿意在休息日让自己泡在Aeon里。

构建一站式购物中心提升吸引客流的能力，其实质是从物品消费（所有价值）向事件消费（使用价值）的转化。所谓事件消费，指的是从经验、体会、回忆、人际关系、服务等不可见的“事件”中寻找有价值的消费行为。家庭中的家用电器等“物品”已趋于饱和，愿意给“事件”花费同等金钱、为自己制造一段美好回忆的消费者越来越多。

麦肯锡顾问教你

执行MECE法则的三个步骤

确认目的→把握整体→确立优先顺序

先确认目的，然后用MECE法则把握整体，最后将关注点集中在某些部分，这个顺序至关重要。有些人一听说MECE法则很重要，就会认为有必要把握全部情况、采取一切措施。这是错误的。说到底，MECE法则不过是用来把握整体情况的一种手段而已。

由于时间和预算有限，所以在利用MECE法则纵观整体后，应该确立优先顺序（priority优先权），再选择你认为重要的部分进行深入研究。利用有限的时间和预算换取最大的投资回报，这在商务活动中不可或缺。

在营销中，市场细分的第一步是用MECE法则将整个市场分类。做完这一步后，再从市场的大小、发展前途、如何发挥本企业的优势等角度，来锁定目标市场（顾客），即所谓的排列优先顺序。

在美国存在多种多样的顾客层，商家需要针对他们开发出不同的商品并划分价格区间。在这时，就需要确立优先顺序，将时间和金钱投入到投资回报率高的项目里了。

用 MECE 法则把握整体后确立优先顺序

◆以食品保存温度为例

常温	冷藏	冷冻

◆以薪酬（年收入）为例

不足 100 万日元	100 万～300 万日元以下	300 万～600 万日元以下	600 万～1 000 万日元以下	1 000 万日元以上

名车劳斯莱斯以高收入人群为目标
方针：价格高昂，但对品质的追求无上线

优先顺序

★确立优先顺序，高效使用资源

用 MECE 法则把握整体后，排列优先顺序

MECE 法则

↓

优先顺序

优先投资回报率高的项目
（有效利用有限的时间和金钱）

排列优先顺序的方法
①选择
②分配
③时间（紧急性）

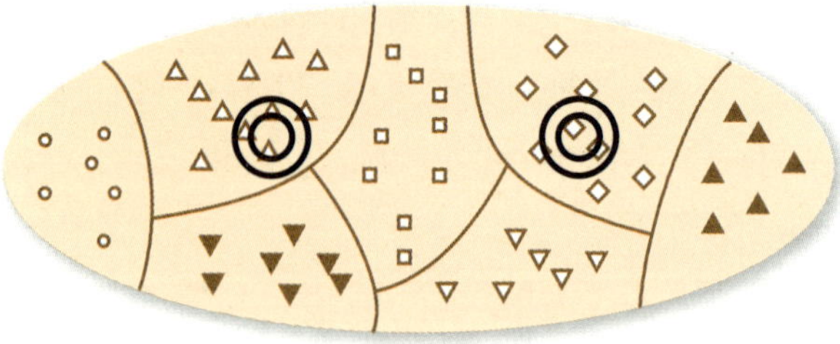

问题05

为什么北极熊抓不到企鹅？

野生北极熊行动机敏，能在一瞬间捕捉猎物。可即便野生北极熊再身手不凡，也无法捕捉到企鹅。据说近年来野生北极熊因食物短缺濒临灭绝，那为什么野生北极熊抓不到企鹅呢？

提示　是因为企鹅体型太小了吗？因为它们逃跑的速度快、游泳的速度也快，所以抓不到吗？难道是因为不好吃？

答案05

因为栖息地不同

【解说】同时思考正反两面

不知你是否已经体会到了使用MECE法则对于把握整体的重要性。但这时一个朴素的疑问也会随之而来——“怎样才能做到MECE法则”？

野生北极熊之所以抓不到企鹅，是因为两者的栖息地不同。北极熊顾名思义栖息在北极，而企鹅则主要居住在南极地区。

为什么要出这种脑筋急转弯似的问题？那是因为我想让你对MECE法则的诀窍，即“完全相反的思考”有个深刻的印象。南极和北极是一对正反的组合，同时思考正反两面能使你消除遗漏和重复。

例如，只要同时思考内与外、积极因素和消极因素、软性的和硬性的、心灵和身体等相反的两方面，你就能够发现“死角”（没能察觉到的部分）。你可以把它记作“表面和内部MECE法则”，或者“北极熊与企鹅”也没问题。

思考完全相反的两方面、找出新死角的思考方法，被称作“逆向思维”。逆向思维诞生自MECE法则，是能用来“寻找死角”的思考方法。

麦肯锡顾问教你

思考要兼顾正反两面

MECE法则要从两个正反两个方面来思考

要说用MECE法则把握整体，最佳的方法是“结合正反两个要素”思考，你可以把它记作“表面・内部MECE法则”。通过结合正反要素来思考，可以帮助你发现死角。

举一些比较有代表性的例子。除去先前列出的要素，一对正反的要素还包括了“收益和成本”“变动和固定”“微观和宏观”“质和量”等。比如“硬性和软性”组合，就可以从“产品（有形商品）和服务（无形商品）”“肉体和精神”“硬件和软件”等角度灵活运用。

另外，还有诸如“本身和除此以外”的组合。“除此以外”指的是排除“眼前的东西”或“目前的想法”。在不停发问“还有没有其他的”的过程中，去寻找新的遗漏，这能帮助我们有效地将视野拓宽到眼界以外的地方。

并且，想做到“MECE法则”就绝不能出现“等等”和“其他”等字眼。如果出现了，就说明暧昧不明的部分太多，你没有将要素彻底地分解。消除暧昧也是诀窍之一。

MECE 法则的诀窍是思考“反面”和“除此之外”

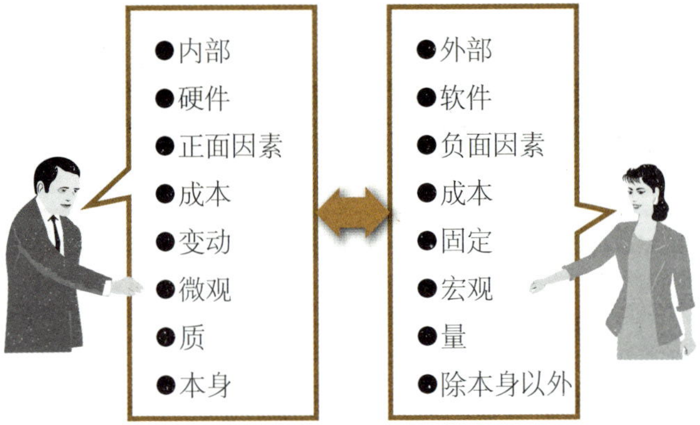

逆向思维 = 将思维 180° 逆转发现死角

用 MECE 法则来为电视台的播放方式分类

- 地面数字信号
- 卫星（BS、CS）
- 光缆
- 单波段
- 网络（点播）

在 MECE 法则训练中禁止出现的词汇

- 等等
- 其他

问题06

如何扭转营销劣势，超越行业老大？

国誉曾占据文具用品行业的头把交椅。第二名的PLUS无论在营销上花费多大力气，都未能改变文具店优先推广国誉产品的做法。那么，PLUS为将弱势变为强势，他们究竟做了什么呢？

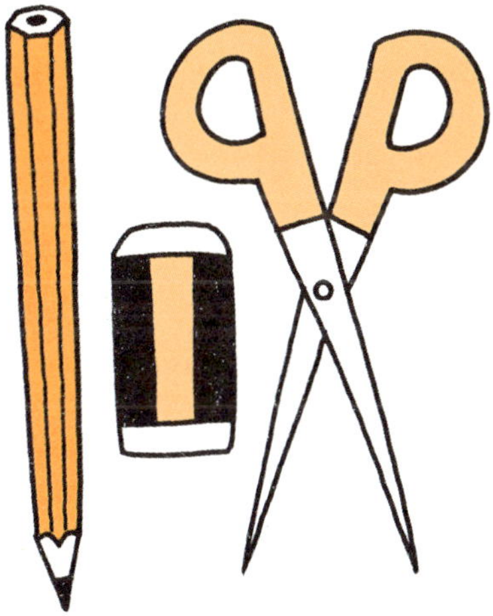

提示　1995年，微软开始销售Windows95操作系统。

答案06

开展网络销售

【解说】同时思考负面因素，消除死角

PLUS在爱速客乐开展网络销售业务的两年后，Windows95系统发售了，这样电脑在日本的使用率就更高了。所以答案是，在爱速客乐开启网络销售业务。

爱速客乐（ASKUL）的名字源自于“次日送达”，这为每天需要使用大量复印纸的公司提供了便捷的解决方案。有些公司复印纸消耗量大，但要是一次采购太多又会过度占用办公室的空间，所以对于相关负责人而言，复印纸的订购一度很成问题。

爱速客乐的成功还有另一个秘诀，那就是为企业提供“一站式解决方案”。在爱速客乐，除了PLUS的商品以外还能买到国誉等其他品牌的商品，种类齐全令客人分外安心。这样即便有新的竞争者露头，也很难从爱速客乐手中抢走常客。

之所以采取这种措施，是因为爱速客乐考虑到尽管存在“销售其他品牌商品会影响自家商品（PLUS）的销量”的风险，但对整体而言却是优势，因为能带来利润。

问题07

微软如何借力提高产品质量？

据说因Windows闻名于世的微软公司在开发之初常常遭遇恶性投诉，使公司上下疲于应对，无法将精力专注于开发上。但是通过思路的转变，恶性投诉渐渐消失，产品的开发效率也得到了提高。那么，微软究竟做了什么呢？

提示　恶性投诉者中大多是黑客。黑客指的是比普通人懂得更高深的技术知识、会利用这些知识克服技术难题的人。同时，他们还是电脑的重度用户。

答案07

聘用他们，使他们成为自己人

【解说】大胆思考相反的替代方案

在微软最初的用户中，大多是能熟练运用电脑类似黑客的人，和拿电脑不当一回事的人。这些人经常做出一些匪夷所思的操作，所以微软经常接到一些出人意料的投诉。

那么，微软是如何让这数量众多的投诉者噤声的呢——微软没有把他们当作敌人，而是使他们成了自己人，也就是说，微软委托这些投诉者寻找软件的BUG并为此提供费用。当时，有一百多位重度用户就加入了微软合作者的行列。

当发现兴趣能变成金钱，投诉者们寻找BUG也就变得心甘情愿了。就这样，获得找BUG专家们认可的微软产品逐渐得以进化，成了即便在全世界范围使用也少见BUG的优秀产品。

都说“昨天的敌人是今天的朋友”，这种想法类似M&A看到（合并&收购）。“把敌人变成同伴”的思路，就是典型的逆向思维。

问题08

记不起过去的工作，怎么做总结？

作为人事考核的一个重要工作，领导要求你将一整年的工作成果整理进报告中。但是，这一整年里自己都做了什么，你却记不清了。有什么办法能让自己回忆起来呢？

提示　你应该写过工作计划吧？或者将工作安排，工作行程记在哪里吧？

答案08

回顾这一年的工作安排表

【解说】按时间轴来思考能消除遗漏和重复

想要回忆起一整年的工作成果，可以一边回顾当年的工作日程安排一边思考，这样做的原因在于，按时间轴来思考正是以MECE法则（无遗漏无重复的状态）把握整体的诀窍。

一边检查过去一年的工作安排表，一边摘出表格中的关键词，比如公司内部改善会议、降低成本推进会等。

摘出一年内的工作内容后，我想你就会大致回忆起相关工作的每个成果了。接着，只要将关键词输入电脑中并补上成果，报告的雏形就算完成了。

按时间轴顺序做整理的代表性方法，是按“开始—过程—结束”的顺序思考。例如，在投资案例中，可以依照“初期投资—维持费用—撤出费用”的顺序来检验投资回报率。

此外，按照时间轴（或者顺序）来安排工作也是可行的。假设现在需要思考品质改善问题，如果按照“设定目标—分析现状—整理问题点—确立对策—实施对策—确认效果”的时间轴顺序来制订实施步骤的话，就能够防止工作的遗漏。

问题09

完美的策略框架，要包括哪三个方面？

用MECE法则分出的每一个大类被称作框架。有意识地用三个左右的关键词来做MECE法则，对培养整体观很有益处。在工程及矿山机械企业小松的战略框架中，就非常注重“三个绝对领先”，那么，到底是哪三个绝对领先呢？

提示　一是诸如“无人驾驶挖掘机”等在行业中占据压倒性优势的“xx绝对领先”；二是为顾客提供维护以及制订巧妙防盗措施的“xx绝对领先”；三是为顾客提出新方案的“xx绝对领先”。

答案09

商品・服务・解决方案

【解说】按框架来理解整体

使用框架，能帮助我们把握整体，并在没有破绽和遗漏的情况下均衡地分配资源。小松的框架是“商品领先”“服务领先”“解决方案领先”。所谓解决方案领先，指的是为顾客提供其他公司没有的解决问题方案。比如，小松通过为铁矿石采掘场实现了卡车的无人驾驶，给顾客提供了降低成本的解决方案。

另外，佳能的战略框架是“单品占有率”（unit share）、“销售额占有率”（value share）、“心灵占有率”（mind share）。其中，单体指销售数量，价值指销售额。若想强行提升销售数量，只会陷入被迫降价的陷阱，这时提升销售额就显得至关重要，于是营业部门需要负责制订将销售数量和销售额最大化的价格战略。心灵占有率指顾客的心，他们希望一提到照相机顾客们首先想到的是佳能。事实上，在拍摄世界杯、奥运会等世界顶级赛事的专业摄影师中，佳能的用户比例就高达60%~70%。

麦肯锡
顾问教你

用“7S”与“4P”把握整体框架

明确整体的构成要素

框架包含了“明确整体的构成要素”这层意思。也就是说，制作框架的首要条件是做到MECE法则。一旦整体的构成要素中存在遗漏或重复，就很容易导致混乱。

如果想把握整体，那我推荐把这个框架放在第一位思考。为思考框架而将构成要素分门别类进行分析整理，也使流畅的资料整理成为可能。

麦肯锡的“7S”框架

著名管理咨询公司麦肯锡就用“7S”框架解析了公司的经营。所谓7S，由硬件的3S和软件的4S构成。

硬件的3S指的是结构（Structure，指健全的组织形态）、战略（Strategy，指用以维持和确保业务优势的强项）和制度（System，指传达信息的构架）。

软件的4S则是人才（Staff，指人员管理）、技能（Skill，指员工和企业拥有的能力和技术）、风格（Style，指企业风气和企业文化）、价值观

（Shared Value，指企业成员共同的理想和企业理念）。

按这7S来定义企业经营，就能做到以MECE法则来把握经营整体了。

营销中的“4P”理论

都说人活在世至少需要确保衣食住这三方面，哪怕缺了其中一项，人都无法生存。当你因为跳槽等因素搬到一个新环境时，就必须直面衣食住的重要性了，比如确认超市在哪、餐厅在哪。这衣食住也是框架的一种。此外，还可以在衣的定义中加入医疗的“医”，改为“衣（医）·食·住”。

这里再为各位介绍另一个著名的框架，那就营销中常用的“4P”理论。所谓4P，指的是产品（Product）、价格（Price）、销售渠道（Place）、促销（Promotion）。营销也被称为“创造销售方法”，为了创造能卖出商品的方法，就必须巧妙地构筑起这4P。

综上所述，框架很单纯，却又是能帮助我们明确掌握整体构成要素的优秀工具。在展开详细讨论之前，建议你首先明确如何定义框架。看清整体和部分的关系，有助于我们在有限的时间内获得更好的效果。

用框架培养整体观（框架的介绍）

身边的框架

四季

春、夏、秋、冬

工作品质

QCD
（品质、成本、交付期）

国防

陆、海、空

现场管理 5S、7S

整理、整顿、清扫、
清洁、素养、安全、节约

体育精神

心、技、体

如何享受旅行

看、吃、玩

生活环境

衣（医）、食、住

旅行倾向

廉、近、短

第一章 复习
培养完整的思考模式，你需要这样做

本章介绍了如何培养无死角的整体观。

当你满怀热忱地想要说服别人，对方却并不愿意接受你的意见时，你可能已经陷入了缺乏逻辑思维能力的困境。别人否定你的意见，或是用怪异的提问否定你的提案，并不代表对方想故意刁难你。这仅仅是因为你的话不符合逻辑，存在重大的遗漏，所以对方没有被你说服罢了。

狡辩和逻辑性完全是两码事。如果你企图一味地堆砌所谓的优点来说服对方，那就会变成狡辩。要想让自己的阐述脱离狡辩，重点就在于消除死角。

为防止重复思考陷入打地鼠的僵局，学习如何用MECE法则（Mutually Exclusive Collectively Exhaustive 无遗漏无重复）来把握整体至关重要。

只要用MECE法则防止了思维的遗漏和重复，就能够把握整体了。用MECE法则把握了整体后，请你确立优先顺序。你可以与你最初设定的目标作比对，评估在达成目标的过程中哪些是需要的，哪些是不需要的；

你要为需要的东西投入多少时间——思考它们的优先顺序，判断投资回报率。

如果你想要拓宽自己的视野以培养整体观，那么当你认定目标之后，提出的第一个问题的关键词应当就是“MECE法则”。若是迷失了整体观，无论能力多高的人都无法获得丰硕的成果。

做到MECE法则是有诀窍的。MECE法则的诀窍就是“反过来思考”。逆向思维，也是能帮你寻找死角的思考方法。

有两个能让你立刻做到MECE法则的方法，那就是“不仅仅考虑正面因素，负面因素也必须考虑到”和“大胆思考相反的替代方案”。另外，“按照时间轴和顺序来思考”也是消除遗漏和重复的好办法。

经过MECE法则定义后的整体被叫作“框架”，譬如麦肯锡的“7S”和营销的“4P”，框架是用MECE法则来把握整体的方便好用的思考方法。

第二章

思考有逻辑，说话才能有条理

想要与人顺利沟通，就要养成有逻辑的思维方式

一个擅长逻辑思维的人是什么样的？用电视剧人物作比喻的话，就好比《相棒》中的主角杉下右京，无论遇到什么情况都能从容不迫，抽丝剥茧找出真凶。

顺带一提，《相棒》的原型是美国电视剧《神探可伦坡》，而《神探可伦坡》的原型，则是在130多年前成书的《福尔摩斯探案集》。

近年来，社会对于逻辑思维的需求越来越大，为什么？这都是因为部门间的沟通、与公司外部人员的沟通、与外国人士的沟通与日俱增。人际关系越复杂，就越需要逻辑，否则双方无法沟通。

拍脑袋做决定的时代已经结束

现在拍脑袋做决定的成功概率越来越低。在经济快速增长时期，“猴子掷飞镖”是行得通的。所谓“猴子掷飞镖”，是指让一只猴子随意扔出飞镖，命中靶子的哪一部分，就执行哪部分上面写的决策，命中哪个就执行哪个。这完全是拍脑袋做决定，可即便如此依然能获得理想的成果。

比如说，有人在靶子上标注各家上市公司名称，用“猴子掷飞镖”

的方法，射中哪家，就购买哪家的股票。由于大盘整体上涨，此人购买的股票也就随着增值。而事实上，既然大盘整体都在涨，无论买哪只都有很高的概率获利。

可是在经济已经平稳增长的当下，“猴子掷飞镖”的做法行不通了，这样的时代已经结束。只有用逻辑分析获胜的原因、谋求对策，才不会让你的心血白白化为泡影。

如何才能做到有逻辑地思考？

想要有逻辑，就必须学会清晰地阐述理由。阐述理由的关键词是“Why”。通过询问原因，才能认识到通往结论的过程。

所谓有逻辑，指的是条理明晰不自相矛盾。想知道自己的逻辑是否正确，可以检查一下“三角逻辑”是否成立。至于什么是三角逻辑，本章会做详细介绍。

构筑有逻辑的叙述，方法有两种：一是归纳法；二是演绎法。事实上在逻辑方面，归纳法和演绎法堪称最不受欢迎的方法。

归纳法和演绎法被人们敬而远之是有原因的，那就是归纳法和演绎法这两个词本身就有问题。因为无论什么人第一次听到这两个名词，脑海中都无法形成明确的印象。但本书毕竟是介绍逻辑思维的书籍，无法避开归纳法和演绎法。只要借由实例来思考，相信它们就会变得具体一些。

此外，有些人认为逻辑思维很重要，或是听别人说“必须按逻辑来思考一切事物”后，就试图在任何场合都按逻辑来思考，但有时并不需要这样做。当你面对亲密的人、在日常生活中，或是与女性对话时，还是尽量避免逻辑思维为好，原因在于那样太死板了。比如你对女性说“你长得真美，因为眼睛和鼻子的位置恰到好处，正是黄金比例，而且鼻子的形状很漂亮，嘴角紧绷充满了知性美……”这样的赞美糟糕透顶。“你性情和善”“你很努力”“你是个幸运的人”“这是命运的安排”等赞美的语句显得更亲切也更容易获得好感，这方面还需多加留意。

问题10

为什么美国能够包容多元文化？

发现新大陆之后，有许多不同民族的人移居到了美国。他们价值观各不相同，收入水平参差不齐，管理难度之大可见一斑。所以总统的强大领导力是不可或缺的。

那么由诸多民族组成的美国，在治理国家时最为重视的是哪三条原则呢？

提示　美国有很多律师；人类历史上第一个成功登月的也是美国；此外，优先xx，不给人创造反驳的机会，也是非常美国式的做法。

答案10

严守法律、拥有共同目标、重视逻辑

【解说】只要逻辑明确且正确，别人就无法反驳

自从哥伦布发现美洲大陆以来，就有大量移民从世界各地进入美国。美国作为自由主义国家的代表，重视“自由的权利”。那么美国在认可多民族国民自由权利的基础上，又实施了怎样的统治呢?

一是严守法律。严格遵守法律排除例外，才能维持秩序和治安。

二是使举国上下拥有共同的目标，譬如致力于空间站建设和火星探索。最简单的，就是让国民的目光都投向宇宙。

三即本书的主题。重视逻辑以推进政治和统治。只要逻辑明确且正确，别人就无法反驳，如做出“只要你做到规定的成绩，你就能得到工资。如果你没有完成这个目标，就拿不到奖金；但要是你的成绩高于本次目标，就能拿到最高两倍的奖金”这样明确的定义。美国讲究把经济指标数值化，以此作为客观的决策依据。

问题11

日本手机为什么会输给iPhone？

在手机市场，iPhone的出现给了日本的手机企业以沉重的打击。日本手机曾以拍照效果好、iMode使用方便而广受喜爱，那么现在，它们又缺少了什么呢？

提示 对于手指灵活并且勤奋的日本人来说，iMode确实很好用。

答案11

因为外国人不使用日本手机

【解说】把思想从“宏观”转向“微观”

日本国内的手机数量以全世界的市场占有率来看仅为5%~6%，而围绕着这5%~6%的份额，却有多家生产商持续着消耗战。然而iPhone的出现给了他们以沉重的打击，目前占据决定性优势的是智能手机。

日本的手机被称为加拉帕戈斯手机的原因之一就在于，iMode虽然好用，可真正使用过的只有日本人。据说对日本以外的人们而言，这个操作系统过于精细难以使用。日本人的灵巧，反倒拖累了全球化的发展。

日本的手机生产厂商本不应执着于国内5%~6%的份额，更应当展望全世界的手机市场。虽说手机厂商们想必各有各的难处，但我想他们确实未能充分利用技术人员们一直以来的智慧和努力。把思维从“宏观”转向“微观”，是恰当分配资源的必要条件。

此外，之所以三星能在智能手机市场与苹果抗衡，原因在于韩元贬值。货币贬值有利于本国出口，货币升值则相反。

麦肯锡顾问教你

先从宏观思考，再向微观深入

由宏观向微观发展

只凭片面的观点做判断，会阻碍逻辑思维。所以，你需要先站在宏观角度观察事物，这样才不会错过整体印象。所谓宏观，意味着“整体”“概要”。先站在宏观角度，然后再从微观角度来思考。而微观的含义，指“部分”“详细”“个别”。

从宏观向微观的过渡，可以用“概要—详细—具体化”“规划—设计—实施”等说法来替换。由宏观向微观推进的思路不仅能在思考时发挥作用，如果你想写一篇通俗易懂的文章、有条有理地阐述意见、制作一份清晰明确的资料，它同样能提供帮助。

比如，当你制作资料并对外宣讲的时候，可以先站在宏观的角度提出整体概况，以此介绍整体与部分的关系；然后，站在微观角度分别讲解。当存在数个部分时，可以分别用A、B、C等做标记，如此整体和部分的关系也就变得一目了然了。

此外，在项目管理中存在阶段（phase）的概念，而这也可以用“规划—基本设计—详细设计—调配和生产—导入和应用”来替换。

概要—详细—具体化，规划—设计—实施

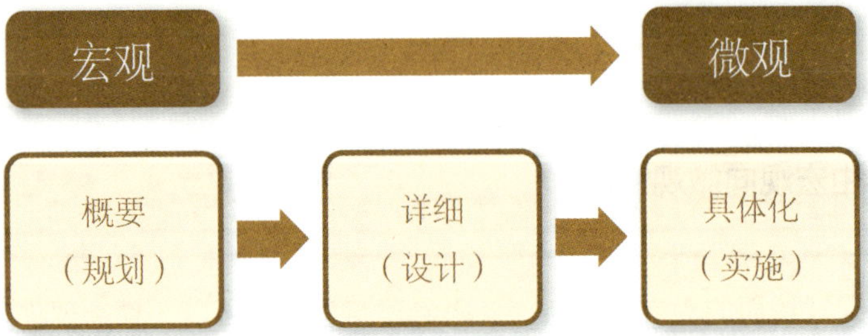

使整体与部分的对应变得清晰明了（首先展示整体）

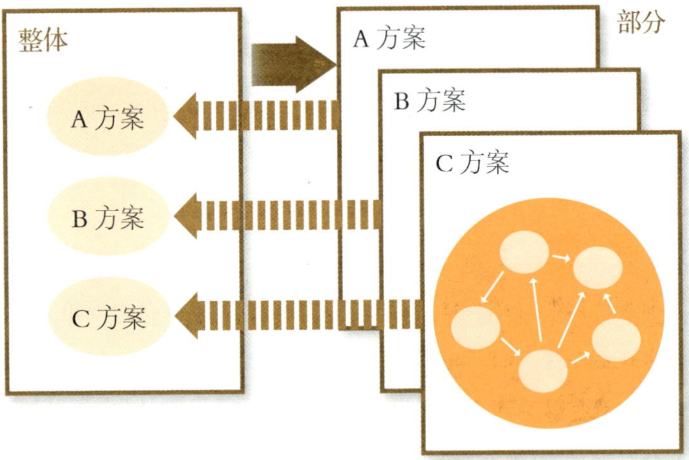

- 整体与部分对应，显得简单易懂
- 用编号使两边对应，看起来一目了然

问题12

崇光百货公司为什么会破产？

2000年7月，崇光百货公司宣告破产。为确保资金，公司高层无奈出售了位于有乐町站前的商铺，也就是后来Biccamera入驻的大厦。崇光当年是因何而破产的呢？

提示　外部环境的变化，使获得成功的要素也发生了变化。

答案12

因为泡沫崩溃后没有改变经营策略

【解说】为什么提出这种方案?

外部环境的改变，会使获得成功的因素也发生改变。原本促成成功的因素，有时候反会转变为导致失败的因素。

崇光百货公司在泡沫经济时期凭借土地获得了高额利润，属于不动产投资的一种。在当时的日本流传着一种神话，那就是“土地永不贬值，永远升值”。然而泡沫崩溃后，神话也随之化为泡影。而崇光百货公司在泡沫崩溃后仍积极向银行融资以购买土地。最后，越来越沉重的负债与土地贬值造成资金周转困难，只得以破产收场。当时经济不景气和不动产贬值的持续时间，超出了崇光的预期。

思考“为什么提出这种方案”并做出解释是非常重要的。缺少了“Why”，逻辑思维就不能成立。所以在提出自己的想法之前，请务必想清楚“为什么我认为这个方案最好”。如果回答不出，就无法在组织中拥有立足之地。

问题13

明明列出了数据资料，为什么还是无法说服他人？

我刚进公司时在现场实习，工作是将工厂的改进方案汇总成报告。我花了一周时间拼命搜集数据并汇报给指导员。然而我无论怎样说明，指导员的回答永远是：“那你想说明什么？”当我进一步详细分析数据，指导员仍是频频地点头，接着问道：“那你想说明什么？”我究竟是哪里做得不好呢？

提示　仅有数据是无法构成“改进方案”的。

答案13

数据的罗列仅仅是现状分析罢了

【解说】“所以呢？”（So what？）

一份改进方案里仅有现状分析是远远不够的。现状分析只能帮助人们把握现状，这个现状无法指明问题所在以及解决问题的思路，所以指导员才反复提出同一个问题。

具体来说，就是你必须指明“问题为何存在”“应该如何解决这个问题”“是否存在其他更重要的问题”“你自己想如何改善”等。

单纯的罗列数据无法使逻辑思维成立，数据不过是支撑逻辑的说服材料而已。逻辑思维中必须具备结论和主张，所以搜集完数据后，先以你的意见和知识来做出总结，再对外传达。推导出结论和主张的关键词是“所以呢”，也就是英语中的“So what”。“你究竟想说明什么”——只要能用简单的话语阐述你的结论和主张，就不会再为不知该说什么而迷茫了。

问题14

经济形势不好，一定不好经营吗？

你的周围有没有这样的人——他们总把“经济形势不好，所以挣不到钱”挂在嘴边？这个理由看似有道理，细想又好像有问题。为什么这个理由让人感觉似是而非呢？

提示 在早些年，我曾听说有位同事向上司汇报称：“由于海湾战争爆发，导致客户终止了系统开发。”那位客户没有涉足海外投资，行业也和石油并无关联，所以那次汇报至今仍令我觉得奇怪。

答案14

因为因果关系不明确

【解说】用三角逻辑检验

“经济不景气”和“销售额上不去”的因果关系不明确。经济不景气真的会导致销售额上不去吗？只要与同行的业绩以及其他行业的业绩做个对比，马上就能发现其中并不存在因果关系，因为尽管确实有些企业的业绩不佳，但同样也有盈利颇丰的企业。尤其在同行中如果存在业绩上佳的企业，就更加能说明那不过是借口罢了。

想要确认逻辑是否正确，究竟该怎么做呢？想知道逻辑是否成立，只要用“三角逻辑”来检验即可。关于三角逻辑，我会在下一部分做详细介绍，但大致情况就是将主张和说服材料用“Why？”和“So what？”来连接。

逻辑思维欠缺的人一般会出现以下三种情况，一是“没有Why？”，没有理由，即“没有为什么”，缺乏说服力；二是“没有So what？”，缺少结论；三是“资料过多”，表达的内容里混杂了过多的信息，使听者越听越糊涂。

麦肯锡顾问教你

用三角逻辑检验，强化论述

三角逻辑是逻辑思维的三大要素

想做到逻辑思维不能缺少三大要素，那就是“主张”“论据”“数据”。

（1）主张（所以怎么怎么样）……“话题结论”“提案和意见”“推论”；

（2）论据（普遍存在的某种倾向）……为说服听者接受主张而摆出“原理·原则”“规律性”“普遍倾向”“常识”等理由；

（3）数据（用来体现某情况的事实和数字）……支持主张的“客观统计等数值和事实、具体案例等”。

当对现状的解说过于冗长，“究竟想说什么”部分变得复杂难懂的时候，主张经常会显得不够明确。此外，当主张明确但听者不愿认同，论据不明确和数据又暧昧，就无法支撑起主张。

此外，如果用来支撑主张的论据和数据缺乏可信度，甚至干脆驴唇不对马嘴，也就无法令人信服了。

主张、资料、论据不足则难以说服他人

位于三角逻辑顶点的“主张”与两个底角的“资料”“论据”，是凭借“为什么？”（Why？）和“所以呢？”（So what？）的关系连接而成的。

从上往下看，由主张连接资料和论据的关键词是“Why”；而自下往上看，从资料和资料推导出主张的关键词便是“So what”了。

只有主张而缺乏说服力的时候，说明用来说服他人的资料和论据不够充分，所以请切记对“Why？”的说明不能马虎。而如果一味地解说情况，会导致听者不明白你想说什么（So what），所以也请记得你要清楚地表述出你的主张。

为了理解三角逻辑，还请以第54页的图表“2020年东京奥运会会给房地产价格带来怎样的影响？”为例，试着思考一下。

假设现在我们站在房地产评论家的角度，主张“奥运会将使房地产价格变高”。

片面的主张无法说服听者，所以我们需要详细说明“为什么？”，列出曾经的奥运会主办国的房地产数据和经济数据，作为“资料”（说

服材料）。然后，只要能够确认“论据”（说服理由）即“举办奥运会后房地产价格都无一例外地上涨”，那么结论即“So what？”（究竟想说什么？）就有了足够的支持。如此一来，“所以说日本的房地产价格也会因为2020年的奥运会而上涨”的主张也就容易被人接受了。

三角逻辑能检验逻辑是否正确

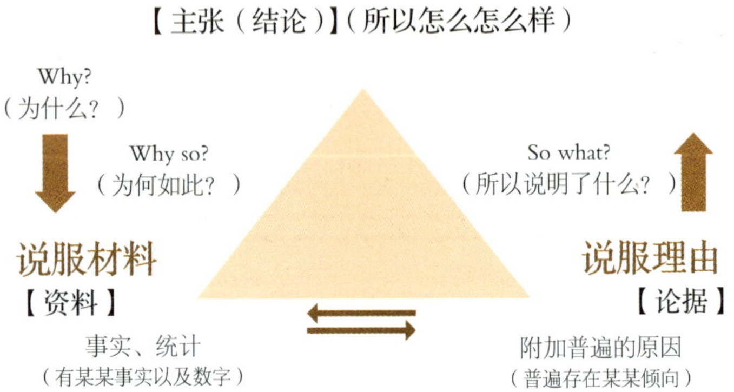

主　张：谈话的结论、建议或意见、推论。
资　料：证明论述主张的客观数据、事实或具体案例等。
论　据：原理、原则、法则、定理，一般常识等合理原因。

（例题）奥运会将为房地产价格带来怎样的影响？

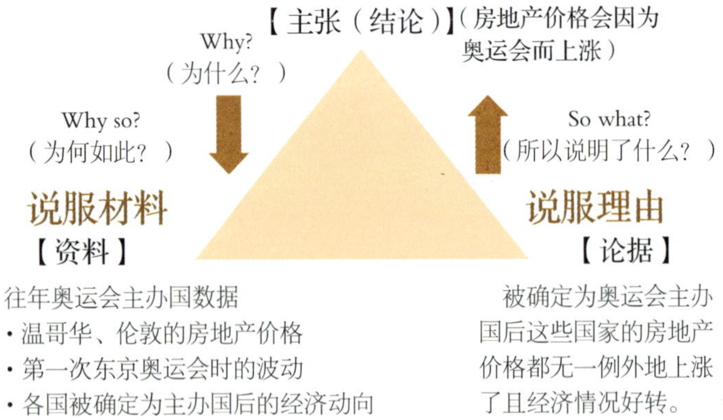

问题15

犯罪调查，该用归纳法还是演绎法？

电视剧《相棒》中的搜查一课与特命组的杉下右京水火不容。这两者的不同是从何而来的呢？

提示 两者的调查方法存在不同，那么，双方的做法究竟存在怎样的不同呢？

答案15

采用的调查方法一个是归纳法，另一个是演绎法

【解说】灵活运用归纳法

掌握归纳法和演绎法对彻底掌握逻辑思维非常重要。如果实在找不到头绪，可以去看看电视剧《相棒》的重播，仔细观察搜查一课与特命组（杉下右京）两者查案手法的区别。搜查一课用的是归纳法，特命组用的是演绎法。

首先介绍一下归纳法。所谓归纳法，是指在经过种种调查后推导出结论的方法。搜查一课是利用彻底的现场搜索和走访来寻找罪犯的，你也可以把这记作“收集大量资料并总结的归纳法”。经过调查后汇总共同点，以此推导结论（在查案的场合即找出罪犯）。

归纳法的优点在于虽然进展缓慢，却能一步一个脚印地向结论靠近。不过缺点却是调查量巨大，在解决问题之前需要花大量时间来重复试验。

归纳法给人的印象就像是一点点堆积木，你需要把通过调查搜集到的积木一块一块往上垒。如果用化学实验作比喻，就好比每次用不同的组合试剂，一遍遍重复做实验。

麦肯锡顾问教你

用好归纳法的三个步骤

先搜集数据，推导出主张（结论）

在尚未把握周围情况的时候，可以从搜集信息分析现状开始。如果不能掌握一定量的信息，就很容易得出错误的结论。

在三角逻辑（主张、资料、论据）中，先收集资料，在找到合适的论据后推导出主张的做法，被称为“归纳法”。所谓归纳法，是一种从每个资料之中本质的因果关系和共同点里找出论据（说服理由），并推导出主张的方法。

查案时多用归纳法。假设有一起命案，通过大量排查后发现“死者A的叔父是高额保金的受益人”、“A死亡时叔父没有不在场的证明”。于是在论据方面，则能做出如下推断——“命案中没有不在场证明的人有可能是凶手”、“利益和恩怨容易成为杀人动机”。如此一来，“应将叔父列为嫌疑人之一加以审问”的主张就能被正当化了。

综上所述，在尚未把握周围情况的时候，可以先用归纳法搜集资料，从分析现状开示，直至推导出结论。

分析搜集到的情报并寻找结论的归纳法很好用

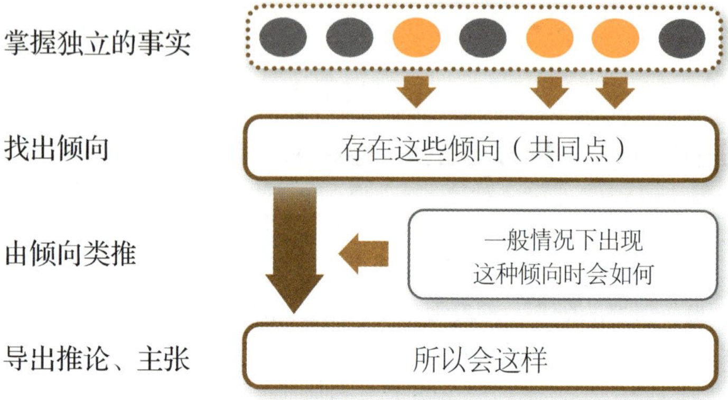

在经营中如何运用归纳法

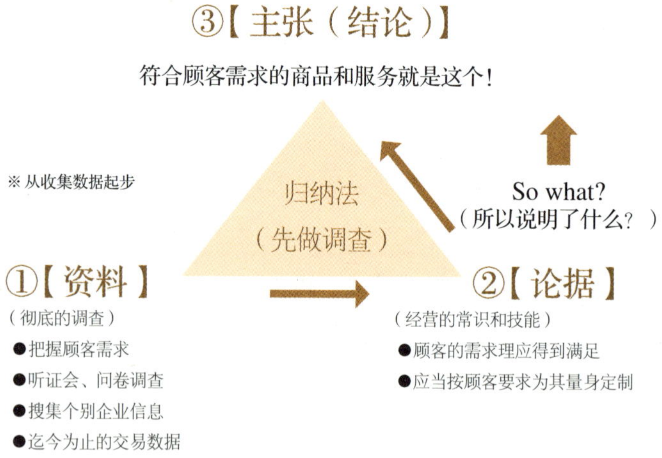

问题16

优衣库的营业目标，为什么设定的那么高？

2014年度销售额超过1万亿日元的优衣库将2020年的销售目标设为了5万亿日元，试图用五年时间完成四倍于眼下的目标。优衣库的领导者柳井正为何设立如此高额的目标呢？

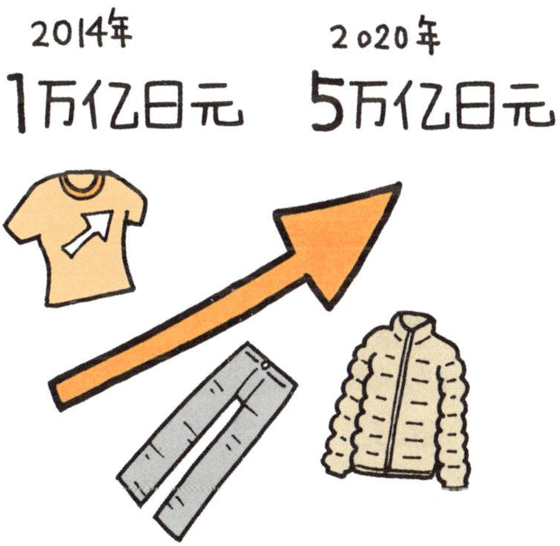

提示　他使用的是演绎法思路。那么，什么是演绎法？

答案16

设立假定的结论，在短时间内向结论靠拢

【解说】灵活运用演绎法

演绎法常被用于物理学和宇宙工程学。在利用较少的观测数据推导结论发现法则的过程中，演绎法是很有利的。东野圭吾的推理小说《神探伽利略》中汤川博士最擅长的就是演绎法。汤川博士总把“假说只有经过检验才有意义”挂在嘴边。尽管当假说只是假说时，其正确性尚未得到确认，可一旦假设经过检验认定其百分之百正确时，它就会升级为“法则”。

演绎法是一种先设立假说（假设的结论），再通过调查检验其真伪，最后推导出结论的方法。首先要从“得出结论”入手。特命组（杉下右京）先用假说将凶手范围缩小到一至二人，再经过最低限度的调查来检验假说的真伪。

演绎法的优势在于能迅速着眼于结论，并利用最低限度的调查在短时间内接近结论。在优衣库的案例中，柳井正跳出现状大胆设立销售额假说的做法，可以说是运用了演绎法的思路。

麦肯锡顾问教你

用好演绎法的三段论证

三段论的演绎法

苏格拉底的经典言论“所有人都会死，苏格拉底是人，所以苏格拉底一定会死”就是三段论。三段论的三段分别是“大前提”“小前提”和“结论”，只要大前提和小前提正确，结论就必然正确。

如果将演绎法稍作改动，把论据设为大前提、数据设为小前提的话，同样是三段论。

演绎法是将论据放在大前提的位置，用数据来证明大前提的正确，然后从中得出主张的逻辑思维方式。

以达尔文的假说为例。论据是“生命无法在不合适的环境存续”，而大前提则是“地球环境不断发生变化”。然后，为了证明“迄今为止地球环境已经过了漫长时间的剧变”这一点，我们就要搜集冰河时期、地球变暖、碳排放量变动等数据。接下来，以地球变化的数据为基准，推导出结论“生命会为适应环境变化而进化”“只有进化的生命才能继续生存”。

演绎法便于激发新设想

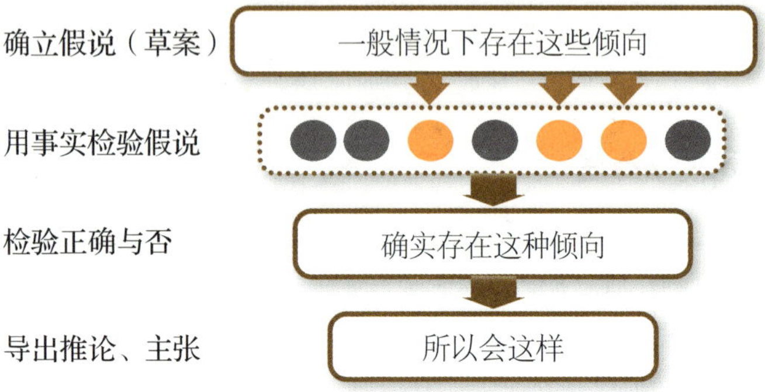

在经营中如何运用演绎法

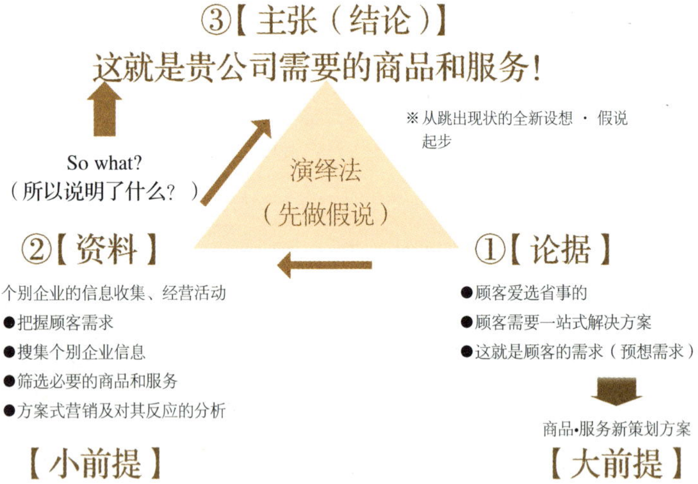

问题17

面对顾客投诉，为什么有理有据的解释却适得其反？

假设你是一位销售。在了解了逻辑思维的重要性之后，你决定贯彻有逻辑的说明。然而有一天，你却遇到了麻烦。你有理有据地对顾客作了解释，对方反而大光其火。究竟是哪里出了问题呢？

提示　不是所有场合都必须用到逻辑思维。

答案17

有理有据的解说被当作借口

【解说】适用逻辑思维的例外情况

面对怒火中烧的投诉客采用理论的方式，只会进一步触怒对方，乃至于火上浇油。所以我们来想一想有哪些不适用逻辑思维的情况，也就是说，在哪些场合下不要用逻辑来应对反而更好？

一是当对方心情烦躁，或是生气的时候，逻辑思维是行不通的。比如接待投诉的顾客，对方正火冒三丈，你与之理论只会被当作狡辩。在对方精神状态不安定的情况下，最聪明的办法是等待其平静下来，然后再讲道理。

二是在日常生活中，以及面对亲密的人时，总讲究逻辑显得太过死板。此外，在和与工作无关的女性对话时，如果把“为什么”“她想说明什么”作为逻辑思维的关键词，那么你非常有可能被厌恶，因为有很大部分女性当被问到“为什么”时，会感觉自己被驳斥了。

第二章　复习
构建逻辑思考框架，你需要这样做

本章介绍了逻辑思维能力的基础。

近年来，社会对于逻辑思维的需求越来越大，原因何在？这全都因为部门间的沟通、与公司外部人员的沟通、与外国人士的沟通与日俱增。人际关系越复杂，就越需要逻辑，否则双方无法沟通。

现在，拍脑袋做决定的成功概率越来越低。在形势大好的经济快速增长时期，“猴子掷飞镖”是行得通的。可是在经济已经平移增长的当下，临场判断的猴子掷飞镖已经行不通了，这样的时代已经结束。

只有用逻辑分析获胜的原因、谋求对策，才不会让你的心血白白化为泡影。

想要有逻辑，就必须做到清晰地阐述理由。阐述理由的关键词是“Why”。通过询问原因，才能认识到通往结论的过程。

所谓有逻辑，指的是条理明细不自相矛盾。想知道自己的逻辑是否正确，可以检查一下“三角逻辑”是否成立。

构筑有逻辑的叙述，方法有两种：一是归纳法；二是演绎法。

所谓归纳法，是指通过调查眼前的事实的方式来推导出结论。演绎法需要先设立假说（假设的结论）再进行检验。如果觉得假说这个词不够贴切，也可以将它换作“草案”。

此外，有一些情况并不适合使用逻辑思维，比如面对亲密的人、日常生活，或是与女性对话，在这些时候还是尽量避免逻辑思维为好，因为太死板了。对于女性，用“你性情和善”“你很努力”等语句来赞美显得更亲切，也更容易获得好感。

第三章

分门别类整理资料，明确从属关系

把资料按从属关系整理，这样做事更有效率

逻辑思维是一种思维方式，可以通过日常训练来强化，所以反复练习非常重要。但是在这之前你必须了解逻辑思维的思路和手法，否则训练上也无从入手。

在本章中，就让我们一起来思考一下有逻辑地整理资料的思路和手法吧。整理资料时不可或缺的是区分“独立关系”和“从属关系”。眼前的这堆资料中哪些是独立关系，哪些是从属关系，区分它们是整理资料的基础。

独立关系在一方发生变化的情况下其他方不受影响；从属关系会互相影响，一方变化其他方也会改变。有时一方增加则其他方也增加（正面相关），有时一方增加则其他方减少（负面相关）。

处理从属关系时最具效率的方法是明确大小关系，比如一方为亲，他方为子。亲子关系就好比亲方是一个集合体的名称，子是构成要素，譬如日本与各都道府县之间就可以说是亲子关系。

分门别类整理资料

只要做到归类，单个资料之间的相互关系也就自然变得明晰。首先，搜集相似的资料制作类别，为此类别起个名字，这样就能整理资料

了。这时类别的名是亲，类别中的个别资料就是子。

让归类整理进一步延展，还可以衍生至“亲、子、孙”三代。若想以这三部分来整理，只要多收集一些“亲”资料就可以了。假设日本是亲，都道府县是子；泰国、柬埔寨、中国、韩国等国家也都是亲。把这些亲归作一类，命名为“亚洲各国”，那么类别名“亚洲各国”就是亲，各个国家是子，都道府县就成了孙。

如果资料量继续增加，甚至可以按照“亲、子、孙、曾孙”来整理。假设亲是“世界各国”，那么“亚洲各国”就是子中的一个。这种分阶层整理信息的方法叫作“逻辑树”，如果你无法适应亲子关系的说法，将它们视作“大分类、中分类、小分类”也无妨。若需要继续细分，更是可以按 “大分类、中分类、小分类、细分类、详分类”分成五层。

怎样提升整理资料的能力

在日常生活中要想提升整理资料的能力，需要注意些什么？那就是需要从平日里养成这方面的思考习惯，时常注意区别独立关系与从属关系、看看资料能否被整理为亲子关系或逻辑树。如果当你看到两个以上的资料后，能下意识地将它们整理为亲子关系或逻辑树，就说明你的逻辑思维已经有了定式。说得极端一些，也就是“用逻辑树来整理你的脑海”。

我之前已经说过，拥有整体观最重要的大前提是用MECE法则（无遗漏无重复状态）来把握整体。框架是用MECE法则将整体的主要构成部分做大分类后的产物，逻辑树也要按MECE法则来整理每一层。也就是说，框架等于逻辑树的大分类（第一层）。

我在编写这本书时，将目录按逻辑树分成了三层。大分类即第一层是“确立章节”，我把主题按MECE法则分成了六章；然后是中分类即第二层，大标题；最后是小分类即第三层，也就是小标题。仅小标题这一层，我就写满了一整张稿纸（约400字）。

问题18

“大风一刮木桶店赚翻天”，这是为什么？

日本有句俗话，“大风一刮木桶店赚翻天”，这说的是一刮大风沙子被卷起，沙子吹进人眼，会使许多人失明。盲人一多，买三味线的人就多（古时日本盲人多靠弹三味线等乐器谋生），而制作三味线需要猫皮，所以要杀死很多猫。猫没了，老鼠就多了，老鼠爱咬木桶，木桶的需求量增加，木桶店就赚了。这个理论让人感觉怪怪的，为什么呢？

提示 这个理论强行把发生概率极低的因果关系牵扯在一起。

答案18

因为这种组合的相互关系太弱

【解说】独立关系与从属关系

两种资料之间存在独立关系或从属关系。认清这两种关系，是逻辑思维的基础。

所谓独立关系，是指两种资料之间不存在因果关系的关系。比如一方发生改变，而另一方因为与之无关，所以无法得知其会增加、减少，还是没有变动。

所谓从属关系，指两种资料间存在因果关系的关系。比如一方发生改变后，另一方也会改变，但这种改变是相同还是相反，就得取决于它们的相互关系了。如果是正的关系，则一方增强另一方也增强；负的关系，则是一方增强另一方减弱。此外，从属关系还分为较强的关系和较弱的关系。如果把两个太过弱小的关系强行组合在一起，就变成了狡辩。

比如有些人在家和太太吵了架，就会影响工作情绪。工作和是私生活理应属于独立关系，所以这可以算作公私混淆。如果你希望自己成为第一流的工作者，就应该做到不要把家里的私事带进公司。

问题19

要把不同的品牌分类，你该怎么办？

下列名词的相互关系显得很是奇怪，为什么？

松下、日产、家电生产商、制造业、出口企业、本田、日立制作所、歌乐、汽车生产商、索尼、耐用消费品生产商。

提示　请注意各名词的大小关系，按实际情况思考能否按类别区分。

答案19

因为资料的大小（级别）参差不齐

【解说】从属关系中必须明确大小关系和因果关系

在整理资料的时候，当每个资料的大小（层级感：留意资料的大小）统一，MECE法则（无遗漏无重复状态）就变得容易了。在本问题的事例中，每个资料的大小（层级感）参差不齐。

给资料做分类的时候，独立关系和从属关系又如何呢？类别本身与构成要素之间就属于从属关系。比如，大类整体是“日本”，都道府县和它之间属于从属关系。那么各都道府县之间呢？东京都和大阪府就是独立关系，二者都是独立运作的自治体。日本政府与都道府县之间属于从属关系，所以都道府县会受到日本政府的影响。

当一个集合体由类似的要素构成，那么整体和构成要素之间就形成了从属关系。比如在面对汽车生产商整体时，日产和本田就成了从属关系。同时，集合体的构成要素之间互为独立关系，日产和本田就是如此。把整体视为亲、构成要素视为子，就很容易想通了。

麦肯锡顾问教你

区分独立关系与从属关系

整理资料的第一步

两种资料之间的关系有两种，独立关系和从属关系。独立关系指相互之间保有独立性的关系；从属关系指会互相干涉的关系。

举个独立关系的例子，日本和美国。日本和美国各有各的自治权，是保有独立性的关系。亚洲与美洲、动物与植物，也都是独立关系。

此外，彼此存在干涉但程度微弱的关系也属于独立关系。比如日本容易受到美国经济的影响，但应视二者互为独立关系。对于食草动物而言，植物的减少与生存挂钩，但这类微弱的相互干扰也应被视为独立关系。

所谓从属关系，指亲子关系及包含关系那样的关系密切互相影响的关系。比如，日本和东京就属于从属关系，日本是亲，东京是子。而东京、爱知、大阪则是独立关系，它们各自为政，地域上也无重合。

认清独立关系和从属关系，是资料整理的第一步。当捋顺了独立关系和从属关系，逻辑树也就诞生了。逻辑树的相关内容，后面会说到。

以下是独立关系（无重复、无遗漏状态）

- 如果想做到 MECE 法则的状态，可以用独立关系来把握构成要素。

以下是从属关系（包含关系、构成要素）

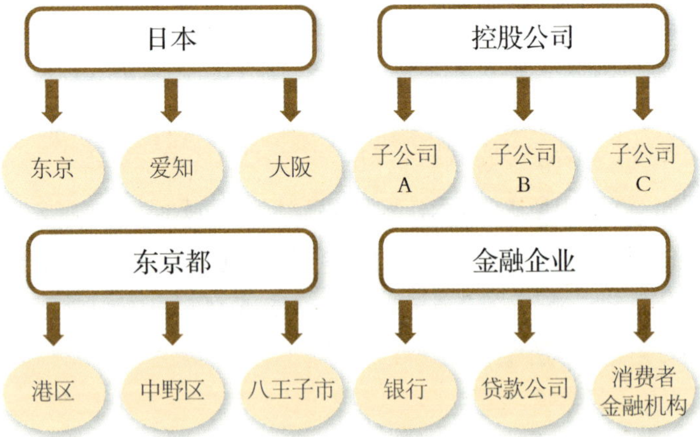

问题20

公司内部的相关资料，如何分类与整理？

请将下列要素按相似度分类：

①材料费高；②方案式营销不到位；③零部件存在延期完成；④工厂人事费高；⑤销售随意降价；⑥销售管理费高。

提示 思考“亲”的类别名称，以便归类。

答案20

经营方面（②⑤⑥），生产方面（①③④）

【解说】分类后逻辑自然体现

在资料尚未整理的情况下，独立关系与从属关系常常是混杂的，这时就可以通过区分独立关系和从属关系来整理资料。建议用分类亲子关系来做整理。整个分类的名称是亲，分类内的构成要素是子。

在本问题中，如果将“经营方面”和“生产方面”定义为分类的亲，那么经营方面的子就是②、⑤、⑥，生产方面的子则是“①、③、④”。

在给企业的问题或者重点措施等主题分类时，多会按一般的业务类型作区分。建议你把下面这段分类记下，作为今后整理的候选项，这样以后做企业问题分析和主题分类时就会轻松不少。

一般的业务类型包括：总部业务（经营、财务、人事、宣传、经营规划、总务）、生产、销售、采购、物流、信息、开发、设备、品质保证。再往上一层则是：总部业务、生产业务（生产、采购、品质保证）、销售业务、业务辅助（物流、信息、设备）、开发（研究开发、技术开发、商品开发）。

麦肯锡顾问教你

独立关系与从属关系混杂时的整理技巧

按项目与贴便签的整理方法

来一同思考独立关系与从属关系混杂时的整理方法吧。在这里，我想介绍一下按项目和贴便签的整理方法。

当你需要按项目来归纳一堆顺序被打乱的资料时，应该如何整理呢？首先，将类似的内容分成一组，然后为这些分组起名。比如将“销售方面”的分组命名为“A：销售方面”、将“风险方面”的分组命名为“B：风险方面”。

随后在各项目上标记A或B，再按标记分组，这样就能够整理资料了。

而贴便签则是在一张便签上写一条内容，切记一张便签只能写一条，决不能出现两个。便签便于移动，所以只要搜集起你认为属于同一组的便签，然后给有两张以上便签纸的分组起个名字，资料整理就算完成了。

当独立关系与从属关系混杂时的整理法（按项目整理法）

用类似记号来区分

A ①X国经济增长率每年高达5%。
B ②X国治安方面良好，从未出现过恐怖袭击或游行抗议。
C ③现在国内生产的Y产品若放到X国生产，则能减少一半成本。
B ④X国亲日派居多，不像Z国存在政治风险。
A ⑤X国内Y产品的市场规模超过500亿日元。
C ⑥X国劳动薪酬低于每月2万日元。
A ⑦自家企业的相关公司已完成在X国建立销售渠道。
C ⑧X国主干道完备且工业用地充足，有利于生产。
B ⑨X国法律完善，进入风险低。

A：销售方面　B：风险方面　C：生产方面

当独立关系与从属关系混杂时的整理法（用贴便签法）

销售方面	风险方面	生产方面
①X国每年经济增长率高达5%。	②X国治安方面良好，从未出现过恐怖袭击或游行抗议。	③现在国内生产的Y产品若放到X国生产，则能减低一半成本。
⑤X国内Y产品的市场规模超过500亿日元。	④X国亲日派居多，不像Z国存在政治风险。	⑥X国劳动薪酬低于每月2万日元。
⑦自家企业的相关公司已完成在X国建立销售渠道。	⑨X国法律完善，进入风险低	⑧X国主干道的整备和工业用地充足，有利于生产。

问题21

老板要你提高业绩你有什么办法？

你的公司（假设是民营企业）为了提高销售额，应当做些什么？尽可能多地举例。

提示 首先从大类（类别名称）来思考能让你站在纵观整体的高度，减少资料的缺失和遗漏。

答案21

“提升现有商品的销售额”“提升新产品的销售额”“深耕现有市场”“开发新市场”（例）

【解说】用逻辑树区分层级

逻辑树是整理大量资料时非常方便好用的工具。逻辑树能通过区分资料的亲子关系来分阶层整理资料。

逻辑树的阶层分为第一层（大分类）、第二层（中分类）、第三层（小分类）等。一般情况是分到第二层或第三层，但有时也可以根据需要细分到第四层（细分类）乃至第五层（详分类）。

当看到一堆乱七八糟的资料时，请你先试着把它们整理成两个阶层。第二层只到亲子关系为止，还是比较容易的。

平日里有意识地按独立关系和从属关系来划分接触到的资料，是提升资料整理能力的基础。只要能把它们整理成逻辑树，你脑海中的信息也就能变得井然有序了。

关于逻辑树，我会在下一项中做介绍。首先不如试试用逻辑树来整理你的大脑吧。

麦肯锡顾问教你

制作逻辑树的诀窍

按项目分类的优势和劣势

按项目整理资料很方便，它的优点在于能够简洁地整理要点，同时便于筛出论点，对项目的分类也有帮助。

但这种方法也有其不足之处，那就是很难体现出是否存在遗漏或重复，使人无从判断有没有做到MECE法则。此外，当项目过多时，整体情况就变得难以把握，项目间的相互关系也不明确。

逻辑树是按项目分类的升级版

逻辑树是比按项目分类更优秀的资料整理方法。

逻辑树是以逻辑构成的树，必须依靠逻辑连接树干和枝叶。当大量资料难以按项目整理时，不妨想想能不能用逻辑树。

制作逻辑树时，需要先将你想解决的主要课题放在左侧，然后在右侧将能够解决主要课题的分段课题按阶层以阶梯的形式细化。一共分多少层都没关系，首先还按三层来制作。

此外，“第一层、第二层、第三层”的说法看起来不够形象，所以请把它们换成“大分类、中分类、小分类”。大家都知道“详细”这个词语，所以如果有第四层，可以命名为“细分类”，同理第五层命名为“详分类”。

制作逻辑树的注意事项

制作逻辑树需要留意三点。只要牢记下面我举出的三点，你就能制作好逻辑树。

一是留意MECE法则（无遗漏无重复状态）。可以说逻辑树就是用MECE法则分阶层整理资料的方法。

二是同一层级的项目大小应该基本一致。比如同在第一层的要素大小相同，同在第二层的要素大小也差不多。不过说到项目的大小，有时也很难定义，所以不用苛求精确的大小，只要有大致的意识即可。

三是下位的项目可以被分解成两个以上要素；两个以上的项目凑在一起，能形成上位的项目。至于原因，在于如果下位的项目只有一个，那么根据MECE法则的规则，它就和上位项目一致了，而既然一致，也就没必要在特意分出下位项目了。比如，上位项目是“教养”，而它的下位项目只有一项“教育”，这就不是MECE法则了，因为“教养≠教育”。而要是改为“教育”和“杂学”两项的话，就能减少遗漏。如果你无论如何都想不出“教育”以外的要素，就干脆不要对“教养”进行分解。

逻辑树制作实例

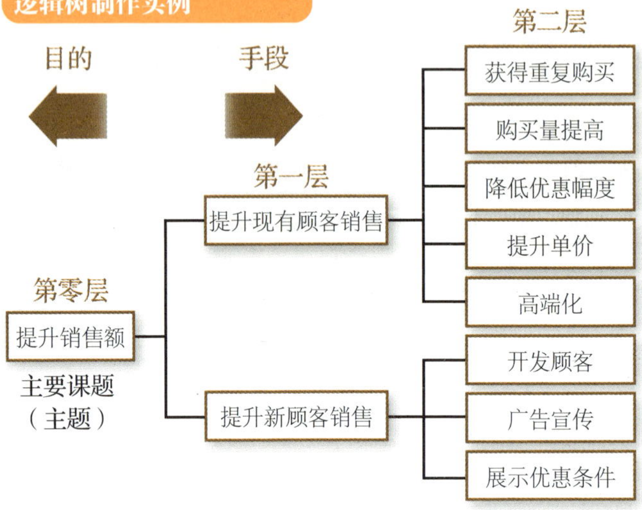

制作逻辑树时需要留意的点

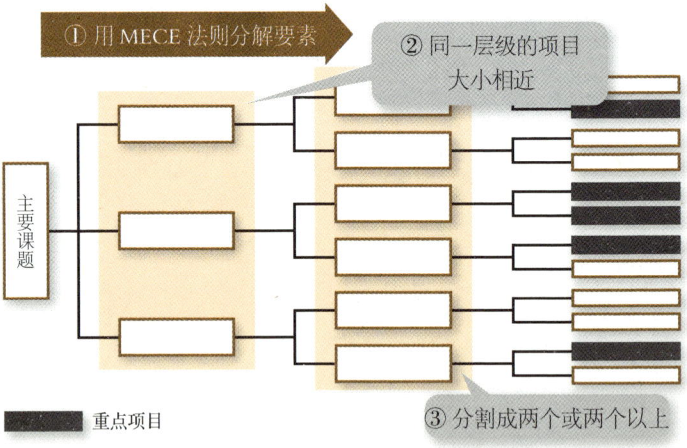

问题22

从持续经营的角度考虑，企业想要提升利润应该怎么做？

企业若想提升利润，那么依照“利润=销售额–费用”的公式，只要做到提升销售额和削减成本，就属于MECE法则（无重复无遗漏状态）了。可仔细想想，总觉得还漏了什么。究竟还缺少什么呢?

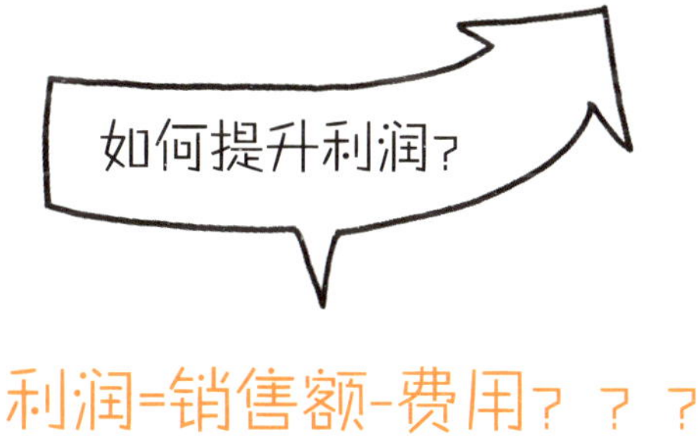

提示　举个例子，“培养人才”这一项似乎既不属于“提升销售额”又不属于“削减成本”。

答案22

缺少中长期眼光

【解说】用逻辑树来思考如何提升利润吧

当“利润=销售额-费用”这个等式成立，就说明MECE法则有保证。但这个等式里存在一个缺点，那就是少了时间轴。

想在短期内（在企业经营上短期指一年以内）提升利润，可以通过提高销售额和削减成本来实现。然而，中长期又该如何呢？企业活动需要“going concern”（持续经营），所谓“going concern”指的是企业以自身经营活动能永远持续下去为前提的思路。

企业如果想实现“going concern”，就不能忽略中长期的利润提升方案。这种时候，组成第一层的除了“提升利润”和“削减成本”，应该再加上“强化经营基础”。“强化经营基础”包括财务基础的强化、人事基础的强化、组织基础的强化、营销基础的强化、生产基础的强化、技术基础的强化等，能够分解成多个项目。

麦肯锡顾问教你

两种方法，制作完整的逻辑树

自上而下和自下而上

制作逻辑树有两种方法：一是自上而下；二是自下而上。

自上而下指的是按照第一层、第二层、第三层的顺序，从上位项目向下制作的过程。习惯以后，自上而下的制作速度会相当快。

比如现在需要解决的主要课题是“提升收益”，那么第一层则是“提升销售额”和“削减成本”。在“提升销售额”的第二层，可以分为“提升老顾客的销售额”和“提升新顾客的销售额”；再往下，“提升老顾客的销售额”的第三层，则建议研究“获得重复购买”“提升购买量”“降低优惠幅度”“提升单价”“高端化”等对策。

自下而上的制作方法需要使用到便签。首先你可以在便签上写下你所想到的任何解决方案，目标是超过50张便签。写完便签后就是整理了，将内容类似的便签整理在一起，并为它们的类别命名。然后，将类别名归为上层，类别内的便签则是下位的项目。这种方法尽管费时，但在你无法掌握逻辑树整体情况的时候，还是先把想法写在便签上，一边摸索着增加类别名称一边完善逻辑树吧。

“提升收益”逻辑树实例

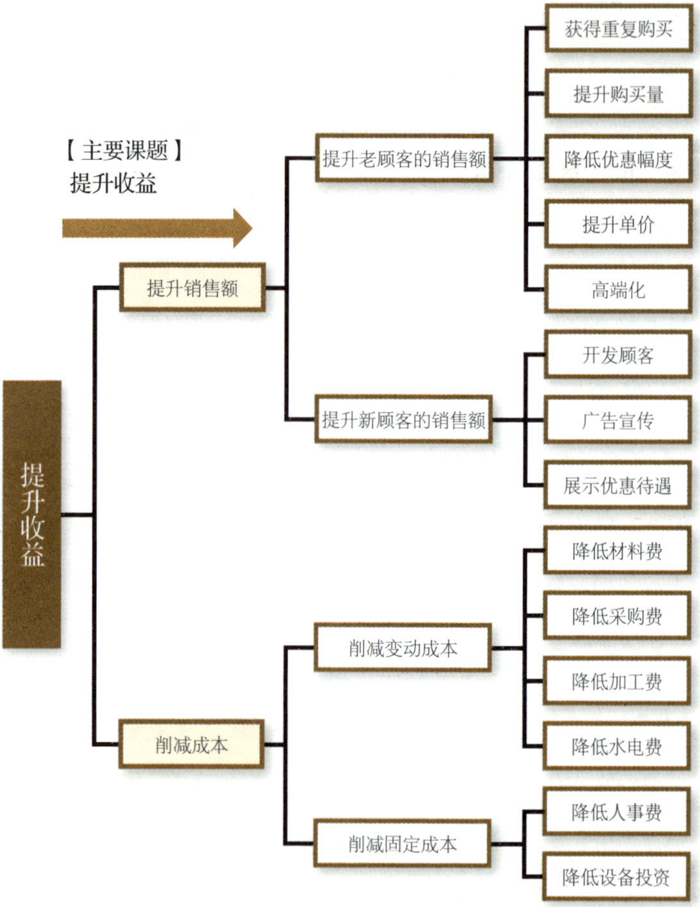
【主要课题】
提升收益
提升收益
提升销售额
削减成本
提升老顾客的销售额
提升新顾客的销售额
削减变动成本
削减固定成本
获得重复购买
提升购买量
降低优惠幅度
提升单价
高端化
开发顾客
广告宣传
展示优惠待遇
降低材料费
降低采购费
降低加工费
降低水电费
降低人事费
降低设备投资

问题23

提升公司业绩，应该从哪里着手？

提升利润的框架是“提升销售额”“削减成本”和“强化经营基础”，那么这个框架与逻辑树又有什么关系呢？

提示 框架和逻辑树一样，都是以MECE法则为大前提的资料整理法。

答案23

框架等同于逻辑树的第一层

【解说】框架与逻辑树

用MECE法则做大分类后的产物就是框架，所以按逻辑树来看的话，框架就相当于第一层。思考如何创作框架，就等于思考怎样制作逻辑树的第一层。

制作框架可以让你俯瞰整体，换言之，可以培养整体观。

为了让MECE法则在实践中便于运用，框架才应运而生。要是想进一步挖掘框架，就用逻辑树整理资料吧。

问题24

营销部门的营销计划书，应当如何管理？

营销部门每年要在东京、大阪、名古屋举办两次大型促销活动，但负责人每次都不一样，而且往往找不到前一次的资料于是不得不重新做计划。能不能利用逻辑树来解决计划技巧的继承问题呢？

提示　在项目管理中存在一种被名为“Work Breakdown Structure”（工作分解结构）的方法，取英文首字母，即“WBS”。

答案24

使用WBS

【解说】如何利用逻辑树来制作工作计划

在项目管理中，有一种方法是使用逻辑树制作工作计划，那就是WBS（Work Breakdown Structure工作分解结构）。WBS的念法是直接念这三个英文字母。

WBS属于逻辑树，所以自然要一层层往下分。一般情况下只要分到第三层，工作项目的大小就已经足够具体而明确了。

诸如营销部门的促销展会这类在某种程度上需要重复劳动的项目，只要把作业标准做成WBS就能省很多事。在制订下一次工作计划的时候，作业标准可以被用作大纲。WBS也常被用于制作工作指南和项目技术的传承手册。

麦肯锡顾问教你

运用WBS拟订计划

WBS的制作方法

说到WBS的制作方法，首先是制作第一层。以商品开发为例，首先可以以“市场调查→产品策划→产品设计”的流程区分大致环节，按时间轴排列。

第二层往下也一样，把能越早着手的步骤往前放。WBS非常好用，只要看一眼就能想象出工作流程。至于详细的前后关系，可以在WBS右侧用箭头连接出工作安排。

制作WBS时需要注意的点和逻辑树相同，一是必须做到MECE法则，二是同阶层的作业项目大小必须相近，三是下位的作业项目必须分解成两个以上要素。

常有人问我“第三层里可不可以放相同的项目”，事实上只要上位项目不同，下位的项目是允许相同的。比如第三层存在两个名为“系统的价值”的项目，而它们的上位项目分别是“硬件的构成”和“软件的构成”，那么这样是允许的，不属于重复。

使用逻辑树制作工作计划的例子

※WBS(Work Breakdown Structure)

第一层		第二层		第三层		负责人 · 交付期
100	市场调查	110	需求调查	111	市场调查	
				112	座谈会	
				113	投诉分析	
				114	品牌力调查	
		120	市场分析	121	市场规模调	
				122	市场成长率	
				123	市场份额调查	
				124	渠道分析	
		130	竞品调查	131	战略分析	
				132	财务分析	
				133	销售分析	
				134	产品规格调查	
				135	技术调查	
200	产品策划	210	理念	211	目标客户	
				212	销售重点	
				213	设计方针	
				214	计划方针	
				215	单元分割	
		220	差异化战略	221	与竞品的差异化	
				222	新功能一览	
				223	强化功能一览	
		230	制订规格	231	基本功能定义	
				232	外形规格定义	
				233	CPU 规格定义	
				234	驱动规格定义	
				235	显示规格定义	
				236	周边规格定义	
300	产品设计	310	基本设计	311	单元机能设计	
				312	结构设计	

第三章 复习
资料分类简洁又明了，你需要这样做

本章介绍了资料的整理方法。

整理资料时不可或缺的是区别“独立关系”和“从属关系”。眼前的这堆资料中哪些是独立的，哪些是有从属关系的，区分它们是整理资料的基础。

独立关系，指彼此之间没有牵连，在一方发生变化的情况下其他方不受影响。

从属关系，指资料间存在互相影响的关系。一方发生变化，其他方也会受到变化的影响。譬如，一方增加导致其他方也增加，以及反过来，一方增加其他方减少的关系，也属于从属关系。

处理从属关系时最具效率的方法是明确大小关系，比如一方为亲，其他方为子。亲子关系中亲方指一个集合体的名称，子是构成要素，譬如日本与各都道府县之间就可以说是亲子关系。

只要做到归类，单个资料之间的相互关系也就自然变得明晰了。首先搜集类似的资料制作类别，为此类别起个名字，这样就能够整理资料了。这时类别的名是亲，类别中的个别资料就是子。

让归类整理继续进化，还可以延展到“亲、子、孙”三代，以这三部分来整理。想做到这样，只要多收集一些“亲”资料就可以了。

资料量如果进一步增加，甚至可以按照“亲、子、孙、曾孙”来整理。亲子关系中，如果资料量扩张到孙甚至曾孙，就要按阶层来整理资料了。这种分阶层整理的方法叫做“逻辑树”。如果你无法适应亲子关系的说法，将它们视作“大分类、中分类、小分类”也无妨。若需要继续细分，更是可以按 “大分类、中分类、小分类、细分类、详分类”分成五层。

在日常生活中要想提升整理资料的能力，需要注意些什么？那就是需要从平日里养成这方面的思考习惯，时常注意区别独立关系与从属关系、看看资料能否被整理为亲子关系或逻辑树。如果当你看到两个以上资料后，能下意识地将它们整理为亲子关系或逻辑树，就说明你的逻辑思维已经有了习惯。说得极端一些，也就是“用逻辑树来整理你的大脑”。

第四章

排列优先顺序，
就能让投资回报率最高

想要出色地完成工作就要重视QCD

怎样才能出色地完成工作，获得被人称道的好成绩呢？首先，你必须做好规定的工作。

广义上一般用QCD来体现“工作的品质”，QCD指用有限的经营资源尽可能将Q（Quality品质）、C（Cost成本）和D（Delivery交付期）三个要素做到极致。哪怕你的工作成果品质（Q）再高，一旦超出预算（C）或无法遵守交付期（D），也不可能得到好评。

其次，要想出色地完成工作获得好评，还需切记你要选择重要性高的工作。用有限的时间（D）和预算（C），获得效果最好的成果（Q）才是最要紧的。

怎样才能提高工作效率？

如何提高工作效率，也是人们永恒的课题。

首先从给工作排列优先顺序做起吧。排列工作优先顺序的原则大致被分为三个，也就是“选择”“分配”和“时间”（紧急性）。

“选择”的意思是，挑选重要的工作去做；“分配”指对于有限资源的合理分配，或者资源分配的多少；“时间”则代表了工作的紧急程度。

一大早先确认应该做哪件工作也是很重要的。到了公司处理完邮件后，请你先制作一张To Do List（工作待办清单），你只要把自己必须处理的内容照搬上这个工作表即可。制作完To Do List以后，根据它们的优先度确定工作的顺序，标记序号。一大早做好一整天的时间分配并决定工作的顺序，能让你掌握工作的整体状态，有助于推进工作。

让一天变得更有效率

怎样分割时间才能让一整天过得更有效率呢？在这方面，有一种叫作“一日三分法”的思维方式，也就是把一整天分成“上午、下午、夜晚”。上班以后到吃午饭是上午时间，吃完午饭到下班是下午时间，下班后则是夜晚。

上午，优先做需要灵感的工作。制作工作表的时候，建议把创意、策划、计划、解决复杂问题的相关工作放到上午。下午适合做需要耐心和体力的工作。至于夜晚（下班时间），可以给自己订一个回家的时间计划。你可以规定自己一到点就回家，也可以计划加班三小时后回家，关键在于千万不要装作加班磨时间。如果你决定到点下班回家，就必须在工作时间内最大限度地完成工作。

此外，将同类工作统合起来执行的效率其实高到出人意料。假设现在有两种工作，一种是“制作十张图解”，另一种是“写6 000字文章”，那么建议先制作完成十张图解再开始写文章。

当你需要做两种不同的工作，大脑在切换思路时会出现断档的情况。由于大脑需要一定时间来适应新的工作，所以一次性完成类似的工作或有关联性的工作，能减轻大脑的疲劳。

问题25

哪种发言效果更好？

A经理说：“大家要把能做的都做了，最后拿出丰硕的成果来。”B经理说：“我们要在有限的时间内做出成果来，希望大家踏实地完成以下三个重点措施。”哪位部长的发言能带来更好的效果？

提示　认为哪位经理的发言更能鼓舞人心完全因人而异，你可以选择你喜欢的一位。

答案25

选择A、B经理的比例为1：9（*笔者的调查）

【解说】当存在繁多选项时，先思考优先顺序

我想大多数人会选择B经理。我在2 000个人中做了调查，有一成人选择A经理，九成人选择了B经理。那么，你选了谁?

A经理选择工作的方法，叫作“尽量主义”，他的心态是“希望员工尽量多做工作”。一般是情况下，容易被A经理的发言所鼓舞的，是干劲十足的人和讨厌常规工作喜欢自由行动的人。这样的人更倾向于A经理。

B经理选择工作的方法，叫作“精简主义”。尽管他也很希望员工能多做点事，但又不希望他们半途而废。所以，他会依照关键的主题，在可执行的范围内设定目标。大多数人或许就是因为目标设定的明确性才选择了B经理。

战略和管理中需要巧妙运用人类的本能和心理。所以，尽管我也愿意尊重大多数人选择的B部长的价值观，但B经理口中的重点化，其实就是源自战略和管理根源的思路。

麦肯锡顾问教你

确立优先顺序的三个要素

“选择”“分配”“时间”（紧迫性）

若想用有限的资源实现最高的效率，就有必要确立优先顺序。这时需要参照三个要素，分别是“选择”“分配”和“时间”（紧迫性）。

“选择”指当你决定了要做什么的同时，还得决定不去做什么。因为资源（时间和金钱）优先，当你决定要做什么时候，就必然会出现做不了的事情。所以，你需要决定哪些是要做的，哪些是只能放弃的。

“分配”指怎样将百分之百的资源做合理分配。

“时间”指的是按时间的紧迫性排优先顺序。紧迫性可以分为三个阶段，必须在今天或明天之内完成的工作属于最高级别，必须在本周内或本月内完成的工作是中等级别，在今年或明年之内完成即可的属于最低级别。

之所以做什么工作都会半途而废，就因为你没有确立优先顺序。还是果断些，把资源也就是时间和金钱排序吧。在有限的资源中做出选择，专注做好被选中的工作，这样你才能踏实地得到最好的成果。

确立优先顺序的方法（选择、分配、时间）

确立优先顺序的方法
①选择
②分配
③时间（紧迫性）

①选择（选、不选）

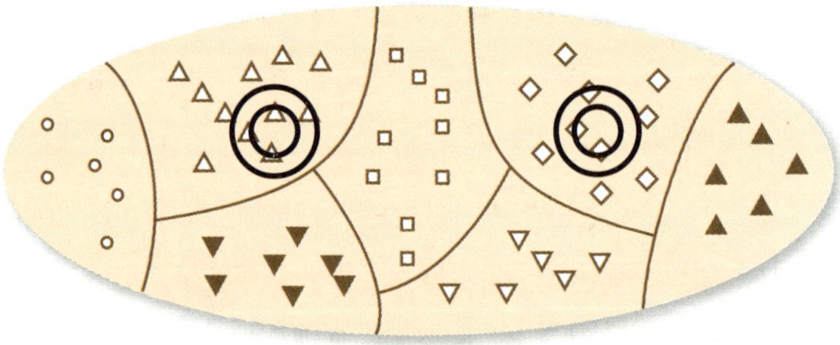

②分配（100% 分配）

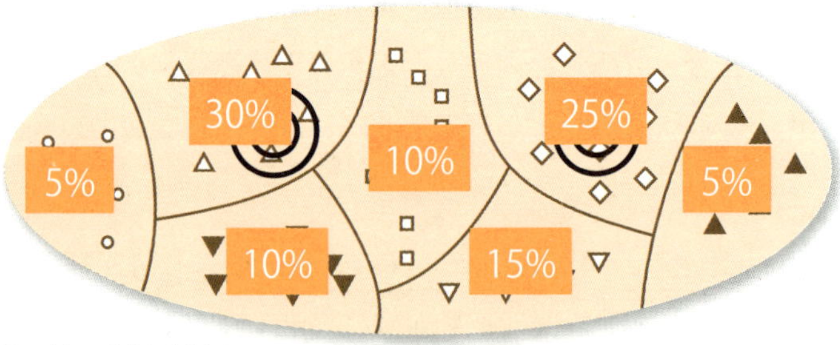

③时间（紧迫性）

问题26

在品质与交付期之间如何取得平衡？

“交付期临近，做得差不多就得了吧”——不知你是否有过这样的念头？或者反过来，你是否有过“时间还早，再检查一遍让工作更完善”的经历？那么，如何才能做到均衡地思考呢？

提示　在工作“品质”的广义定义中，除了“交付期”“品质”以外，还有一个非常重要的因素。

答案26

按“品质”“成本”“交付期”来思考

【解说】何谓QCD

QCD是工作“品质”的广义定义。QCD具体指“Quality”（品质）、“Cost”（成本）、“Delivery”（交付期）。把握好QCD的平衡，是做好工作的必要条件。

Q过高，则品质过剩，有可能引发成本过高或交付期延迟。反之，则会因为过度压缩成本或赶工导致品质低劣。

只有缺乏QCD素养的人，才会产生类似“时间还早，再检查一遍让工作更完善”或“交付期临近，做得差不多就得了吧”的念头，因为这些人成本意识极低，品质意识淡薄，脑子里只想着交付期。

如果一个人关心的只有品质，那么一部分工作就会因为追求品质而浪费时间和成本，致使其他工作无法确保充足的完成时间，造成其他大量的成品以品质低下的状态出货。

现今时代，速度就是金钱，工作完成得越快越好。但要是遇到那种会在你提前完工交货时，对你说“时间还有，再检查一遍完善一下”的上司，也确实令人头疼。对于这种缺乏成本概念的上司，有时踩着交付期时限提交成果，不失为一个聪明的做法。

问题27

早上上班后，最需要做的是哪件事情？

一大早，你到公司的第一件事是查看邮件并回信。其他还有什么一到公司就该去做的工作吗？

提示　你是不是每天一早先确认当天的工作内容和工作量，再开工的呢？

答案27

制作To Do List

【解说】决定工作的开工顺序

一大早到达公司，看完邮件回完信之后，你应该想想一整天的工作计划。有一个方法能帮助你轻松安排好工作，那就是“To Do List”（工作表）。

制作To Do List，需要你先把自己手头的工作逐一记录下来。顺带一提，近年的调查结果显示，用纸笔书写To Do List的人比用电子设备制作的人工作成绩更加优秀。

抄录完，就该决定开工的顺序了。这时请你按应该完成的先后顺序，从1开始为每项工作标注序号。如果能再为每项工作添上完成所需的时间，你就能知道自己能在上午完成多少工作了。

问题28

什么工作上午做起来效率最高？

一早来到公司，给To Do List上的罗列完了一整天的工作内容，需要决定着手的顺序。那么请问，有哪些工作上午做起来效率最高呢？

①开会。②外出。③构思创意。④能在10分钟以内完成的工作。⑤需要一小时以上完成的工作。⑥做安排和计划。⑦制作策划书。⑧接待访客。

提示　都说上午是思路最灵活的时段。

答案28

③④⑥⑦

【解说】制作完To Do List后，按时间轴来排列开工的顺序

关于To Do List中罗列的工作，到底应该按照怎样的标准来排列着手去作的顺序呢?

最先做的应该是能够立刻完成的工作，比如有一份十分钟之内就能完成的工作，你应该尽早动手把它做完。

上午，应该优先处理需要灵感的工作，比如制作策划书、创意构思、用复杂的组合手法探索解决方案之类的工作。

在这个问题中，上午效率最高的工作是“能够立刻完成的工作”和“需要灵感的工作”。所以按这个标准来选择的话，应该是③构思创意、④能在10分钟以内完成的工作、⑥做安排和计划、⑦制作策划书这四项。

剩余的①开会、②外勤、⑤需要一小时以上完成的工作、⑧接待访客，还是尽量放在下午为宜。如果会议几点开始都可以，放到下午则更能提升一天的效率。

麦肯锡顾问教你

科学运用一日三分法，提高工作效率

一日三分法让一整天张弛有度

把一整天分割成三部分，能让一天的生活张弛有度——这就是“一日三分法”。它的意思是把一整天划分为上午、下午（下班时间前）、夜晚（下班时间后）三个时段，规定每个时段的该做的事，使工作更有效率。

上午是头脑最灵活的时间，适合做创意构思、决定工作的推进方向、以宽泛的视野思考之类需要智慧的工作。

下午以需要用大量时间耐心处理的工作为宜。由于随着时间的流逝，判断能力和机敏性也会慢慢下降，所以下午更适合做机械式作业、运营维护类工作、需要体力来执行的工作等。此外，外勤等需要四处奔波的工作也最好放在下午，这样能把使用智慧的时间确保在上午，让一天变得更充实。

夜晚是非常重要的私人时间，你可以按自己的意愿来使用它。无论是自愿留下来加班、一到点就回家，还是去什么地方逛一逛都行。出于惰性和义务感的加班还是避免为好。

用一日三分法使一天变得张弛有度

上午

上午做需要脑力劳动的工作

- 需要动用直觉的工作
- 策划类工作、构思创意
- 决定方针、思考整体概要
- 快速处理零散事务

下午

下午做需要耐心处理的体力活

- 机械式工作
- 运营维护类工作
- 需要体力来执行的工作
- 外勤、需要四处奔波的工作

夜晚

按自己的意愿来使用

- 可以一到点就回家
- 可以留下加班
- 可以外出放松

问题29

待办事项太多，应该怎么安排时间？

上司对你说，因为决定不了处理部门内问题的优先顺序，所以需要你全部都做。但问题实在太多，只怕到时候哪个都做不好。有没有什么好办法呢？

提示　是否有必要找出投资回报率最高的项目呢？

答案29

按照投入和产出的平衡来思考

【解说】按照投入和产出的大小来排列优先顺序

这些问题不是一两天就能解决的，所以有必要对重要度做一定的评估，再决定执行哪些、不执行哪些。如果全都要做，最后只可能全都做不好，或者把精力浪费在改善效果甚微的项目上。

那么，怎样挑选投资回报率最大的项目呢？在这方面，因为是投资回报率，所以只要按投入和产出的平衡来思考就行了。

要给项目排列优先顺序，得先按照投入和产出的大小给项目分类。

投入的大小可以分为“费事”（投入大）和“省事”（投入小）；产出的大小则按照“收益大”（产出大）、“收益小”（产出小）来区分。

要是存在“省事”（投入小）而“收益大”（产出大）的项目，那么它就能提升投资回报率，可以说，这是属于额外的机会（Bonus chance）。

问题30

企业的组织机构故事，依据是什么？

企业总喜欢进行组织改革，相信你的公司也曾尽力过组织的整拆撤（整合·拆分·撤销）吧。那么，组织整合的目的究竟是什么呢？

提示　组织的整合一般在销售额下降和意图强化部门内部合作时进行。

答案30

提升效率和运作率

【解说】组织的整合和分割

组织整合的目的大致分为两种。

一是通过整合组织，减少重复业务以提高效率。比如有两个团队执行类似业务，两个团队分别是3个人和5个人，整合后变成8个人。但是通过削减重复业务，可能只要6个人就能完成原本的工作。

二是将繁忙部门和闲散部门整合后，能提高平均运作率。只要对人员安排得当，甚至还能减少人员数量。

不只组织的整合，有些情况下组织的拆分也会奏效。拆分组织能通过精简业务范围来提升针对性。例如，将销售部门拆分为大型商品销售和小型商品销售两个部门，员工就能专注于销售某一类商品了。

诸如IT和大型机械行业，只有拆分了组织才能良好运作，因为变化速度实在相差太大，工作的性质、单价、交付期等也不尽相同。对于这类管理单位大小不同的业务，还是将部门拆分更为合适。

问题31

用替换的方法来降低成本，可以用在哪些方面？

在降低成本方面，替换是一种有效手段。“人”的话，可以把全职员工换为兼职员工；“物”的话，则可以替换设备和材料。除此以外，还有两个要素能通过替换来获得效果，是哪两项呢？

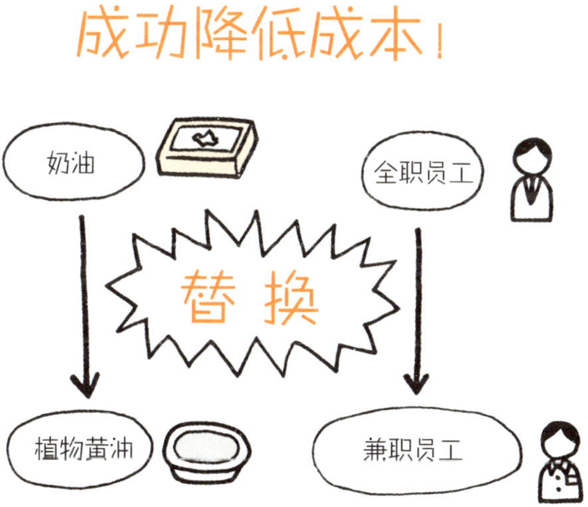

提示　试着想想看日本的生产厂商为了降低成本而实施过的措施吧。

答案31

场地和时间

【解说】“人、物、场地、时间”的替换

替换也能提升效率。能够替换的要素除了这个问题列举的“人”和“物”以外，还有“场地”和“时间”。

日本的生产厂商为降低生产成本而把工厂转移到了海外，这就是“场地”的替换。至于“时间”的替换，可以通过更改作业顺序、颠倒昼夜、夜间作业等方式来分散时段工作。

在这个问题中，“人”的替换也可以采用更换负责人、业务外包等方法。“物”的替换可以是换设备，也可以是换材料等。

以“人、物、场地、时间”为切入口，思考是否存在可替换要素，能帮你有效地减少成本和缩短时间。

麦肯锡
顾问教你

锁定四个对象，发挥替换效果

用替换（Replace）来提升效率

替换（Replace）包括四个对象，分别是“人、物、场地、时间”。在“人”方面，更换项目负责人能够分散负担，把忙碌的人的工作交给闲暇的人负责，能够平衡工作负荷。上司将工作委托给部下，也属于一种“人”的替换。将工作整个外包出去，在精简员工数量上非常有效。

“物”指材料、设备、系统的替换。在性能等同的基础上，更换成便宜的材料和零件，能帮企业减少成本。如果将设备和信息系统替换成性能更高的型号或版本，则能提升生产效率。

“场地”指替换到最合适的场地，比如将生产工厂转移到海外、更换物流节点等。此外，适当变更办公室的室内装置有改善沟通效果的作用，改变物流仓库地点也可起到减少移动时间的功效。

“时间”指改变日期和时间点，比如要是在本周为下周的工作做准备，下周的工作就会变得轻松。要是把出差的路途时间安排在下班以后的时间，日间的工作时间就能得到保证了。

用替换人、物、场地、时间来提升效率

"人"的替换	"物"的替换
（例） ● 更换项目负责人 ● 权限下放让部下负责工作 ● 将正式员工的工作安排给兼职员工来做 ● 工作外包	（例） ● 更换高性能设备 ● 更换材料 ● 将座谈会议改成网络会议
"场地"的替换	**"时间"的替换**
（例） ● 更换生产场地和物流节点 ● 更换供货商 ● 改变会议场地 ● 变更仓库地点 ● 变更室内布置	（例） ● 改变工作的顺序 ● 日夜颠倒 ● 做事先准备 ● 改变会议时间

第四章 复习
轻松提高投资回报率，你需要这样做

本章介绍了如何确立优先顺序使投资回报率最大化。

广义上一般用QCD来体现“工作的品质”，QCD指用有限的经营资源尽可能将Q（Quality品质）、C（Cost成本）和D（Delivery交付期）三个要素做到极致。

要想出色地完成工作获得好评，还需切记你要选择重要度高的工作。用有限的时间（D）和预算（C），获得能使投资回报率最高的成果（Q）才是最要紧的。

确定工作优先顺序的原则大致被分为三个，也就是“选择”“分配”和“时间”（紧急性）。

“选择”的意思是，挑选重要的工作去做；“分配”指对于有限资源的合理分配，或者以资源分配的多少来排列优先顺序；“时间”则代表了工作的紧急程度。

一大早先确认应该做哪件工作也是很重要的。到了公司处理完邮件后，请你先制作一张To Do List（工作表），然后根据它们的优先度确定工作的顺序，标记序号。

要想合理分配时间使一整天过得更有意义，可以用一种叫作“一日三分法”的思维方式。

“一日三分法”也就是把一整天分成“上午、下午、夜晚”。上午，优先做需要灵感的工作。下午适合做需要投入耐心和精力的工作。至于夜晚（下班时间），可以给自己订一个回家的时间计划，去做自己想做的事。千万不要佯装加班磨时间。

按照投入和产出的大小来排列工作的优先顺序也是一种好办法。此外，将同类工作统合起来执行的效率高到出人意料。当你需要做两种不同的工作，大脑在切换思路时会出现断档的情况。由于大脑需要一定时间来适应新的工作，所以一次性完成类似的工作或有关联性的工作，能减轻大脑的疲劳。

第五章

制订有效对策，要先查明根本原因

学会连问五个“为什么”，培养积极思考的习惯

如果无论别人对你说什么，你都囫囵吞枣似地在脑子里过一遍就算完，那么久而久之，你就会染上不爱思考的恶习。

那么，要是想用自己的头脑积极地思考，又该养成哪些有效的习惯呢？那就是时刻记得提出一个基本的问题——“Why”（为什么）。提出问题，然后自己回答。要是弄不明白原因，你可以向与你对话的人请教，也可以自己调查。

在丰田公司，“为什么”已经成了公司内的习惯之一。“为什么”具体指五个“Why”，也就是连续问五个“为什么”。至于这样做的原因，在于丰田认为连续提问五个为什么，就能找到引发问题的真正原因。

“事实”与“判断”的混淆

有没有人很容易与别人的意见相左？当出现两人意见不统一的情况，在很多场合下其实是由于双方的看法都过于片面。

这种情况，常常是因为双方对彼此的认知不够和误会而引发的。那么，认知不足和误会是从哪里来的？它们的起因，就在于“事实”和

“判断”的混淆。

事实指的是谁都无法否定的概念，如果100个人中没有一个人对某概念提出异议，那么可以说它就是事实。比如下面这句——“东海道新干线有三种，分别是希望号、光芒号、回音号”——没人能否定，这就是事实。

所谓判断，指个人经验主观意识对某个事实的看法，即“判断=事实+经验或主观意识”。比如“在东海道新干线里，希望号比光芒号的乘车体验更舒适”，就属于判断。

希望号车辆中确实新车较多，但在一部分光芒号里，也使用了希望号同款新车型。乘车体验是否舒适，都取决于个人感受差异。

片面的看法，是由对事实的错误认知，或事实和判断的混淆所引起的。

以定量形式把握事实

采取“观察”的姿态，是区分事实和判断的一大重要因素。

所谓观察，指抛开自己的经验和主观意识，看事物最真实的模样。并且我们必须意识到，我们从来都是戴着各自的有色眼镜看事实的。

如果能尽可能地以定量（数值化）形式来把握事实，我们就能极力排除暧昧的判断。假设你判断“今天很热”，倒不如从“温度、湿度、风速”三方面，把数值作为冷暖的判断依据。

有一种行动准则，能帮我们基于事实做出正确的判断，那就是“三现主义”。

三现主义，指的是现场、现物、现实。通过三现主义提高自己的思考能力，你就能做出基于事实的正确判断，这比起坐在办公桌前自己琢磨要靠谱得多。正所谓“百闻不如一见”。

此外，“分析”是能帮人正确认知事实的方法。“分析”，顾名思义，等于“分开解析”，财务分析就是个很好的例子。比如，把销售额和费用分开，可以算清利润有多少；要是进一步把销售额按月和品种划分，一份像样的分析表就诞生了。

问题32

花王为何耗费巨资收购嘉娜宝？

近年来企业并购越发频繁。花王曾以4 000亿日元的价格收购了当时濒临破产的嘉娜宝。那么，花王为何要以如此巨额的资金收购嘉娜宝呢？

提示　要是花王没有收购嘉娜宝，后来又会怎样呢？

答案32

为了阻止外资企业进入日本市场

【解说】用问为什么来找出真相

花王曾投入4 000亿日元资金收购嘉娜宝，为什么？当时的媒体纷纷批判花王价钱给高了。但从战略上来看，花王收购嘉娜宝的做法非常高明。

反过来想，要是花王当年没有收购嘉娜宝，后来又会怎样？想必嘉娜宝就被早就提出收购意向的外资企业收入囊中了。花王阻止了外资企业的收购，使得日本市场避免了出现激烈竞争的局面。

以外，花王通过与嘉娜宝的联手，让自己拥有了对抗资生堂的实力。并且，花王还凭借这一招成功缓和了与外资企业的竞争。但是对消费者而言，这个结局说不上是否完满。毕竟适度的竞争才能促使企业在经营上更下功夫。

花王在收购嘉娜宝后的一段时间内，认可了嘉娜宝的独立性。哪怕从缓和了竞争要素这一点上来看，这也是一次非常成功的并购。

问题33

看到不同的报道，你该如何判断？

假设某天你正在看报，发现一篇报道标题为“日元贬值，美元升值”。几天后你又看到一篇报道，标题却与之相反，写着“日元升值，美元贬值”。看到这些报道，你首先会想到什么？

提示　希望你能在获得新消息后先做一件事情，并且养成习惯。

答案33

发出基本的疑问“为什么”（提问方式可能因人而异）

【解说】重视基本的疑问

当你通过报纸或新闻获得新资料的时候，还请千万重视最基本的疑问，那就是“为什么会这样”。

一旦重视了，你就会愿意为解除疑惑而去主动调查原因。如此一来，你不仅能满足自己的好奇心，还能打消疑问，就结果而言也自然而然地获得了资料。

有一个简单的方法能帮你把握世界的动向，那就是一旦发现自己不懂的关键词，就立刻去查。去学习自己本不知道的知识，能刺激人类与生俱来的求知欲，这是一件很好的事情。

近来有越来越多的人发现“自己在学生时代并不爱念书，可长大之后却体会到了学习的乐趣”。之所以感觉学习有乐趣，是因为他们产生了兴趣。一旦刨根问底是出于兴趣而非义务，学习就会变得愉快，也更容易加深记忆。

问题34

为什么营销部门的员工打电话时间特别长？

营销主任觉得，最近部下们打销售电话的时间太久了，于是他命令“每通电话必须控制在三分钟以内”。然而情况并没有好转。接着他又想了个法子，只要电话时间持续两分半，安装的蜂鸣器就会响一次。主任以为这下问题总该解决了，可谁知电话的数量却直线上升，甚至有部下一通电话要打十几分钟。主任的烦恼没能解决，为什么他的对策没奏效呢？

提示 为什么部下们要长时间打电话？

答案34

因为他们需要应对投诉

【解说】用“为什么？”找出真正原因

有时表面的问题看似得到了解决，但其实也只是权宜之计。原因就在于你没有解决引发问题的根源。

这个问题中打电话时间长，不过是某个原因致使问题变得表面化了。真正的原因并不在于员工打电话上，而在其他地方。只要能彻查原因排除根源问题，就等于实施了根本对策，并且也能防止问题再度发生。

要想查明原因，方法非常简单，那就是问“为什么？”，提问“为什么会发生这种情况”。一旦弄清“打电话时间太长是因为需要应对顾客的投诉”，在应对投诉问题上下功夫，电话自然而然就不用打了。

在丰田，“五个为什么”已经成了企业的特有文化。“五个为什么”是丰田的习惯，指重复提问五次“为什么”以找出问题的真正原因，它也被称为“为什么问答”。只有查明原因，才能真正解决问题。

问题35

哪些是实事？哪些是主观判断？

一天，你在乘地铁时遇到了下面这些情况。每一项都是你的真实体会，那么哪项才是事实？

① 车内拥挤；

② 看起来快要下雨了；

③ 车上老年人很多；

④ 行李架上的包好像是别人落下的；

⑤ 斜前方的人应该会在下站下车；

⑥ 地铁速度很慢；

⑦ 车站工作人员的心情貌似不太好。

提示　到底什么才叫事实？

答案35

没有事实，全都是判断。

【解说】区分“事实”和“判断”

本问题中有多少是事实呢？一项都没有。既然没有事实，那么列举的这些项目都是什么呢？都是“判断”。虽说“发言者叙述了自己的想法”一事确是事实，但发言内容却完全是观察者的判断。

比如“①车内拥挤”，对拥挤的定义完全因人而异，所以属于个人判断；“②看起来快要下雨了”属于推测，也是判断；“③车上老年人很多”更是如此，判断老年人多与少的基准非常模糊。

那么，怎样的才是“事实”？无人能否定的才是事实。假设有100个人，这100个人全部认定的才能被称为事实。如果某概念属于事实，那么它就可以被用作说服他人的材料。

区别“事实”和“判断”是非常重要的。要是把判断误认作事实，那无论你怎样强调自己的主张，也都不可能说服别人。观察事实最原本最真实的形态，是区别事实和判断的第一步。

麦肯锡顾问教你

分辨事实与判断，避免偏见影响决策

抛开有色眼镜，观察事实真相

逻辑思维中最重要的是区别“事实”和“判断”。要是将自己主观的想法误认为事实，那么从中得出的结论和主张也必然是不正确的。区分事实和判断非常重要。

相信大家在刑侦题材影视作品中看到过，只要调查和推理进行到一定程度，就能看到一群人围着白板，区分哪些是事实、哪些是推理的场景。为避免错误调查、确保抓住真凶，事实和判断的区分必不可少。

那么，事实和判断究竟是什么。事实指“任何人都无法否定的概念”，也叫客观资料。另一方面，判断是“个人的意见和推断”，每个人的情况都不尽相同。

我们可以给判断下个定义，那就是“事实+经验和先入观点=判断”。“经验和先入观点”因人而异。要是把经验和先入观点想成“有色眼镜”和“滤镜”，或许更好理解。每个人都是戴着有色眼镜看事实的，如果想做到区分清楚事实和判断，就需要“看事实最本真的样子”。抛开先入的观点，养成冷静观察事物的习惯吧。

事实与判断，抛开有色眼镜观看最真实的情况

判断 = 事实 + 经验和先入观点

何谓事实	任何人都无法否定的概念（客观）
何谓判断（推测）	在事实基础上加入经验和先入观点（主观）的产物，是结论的候补选项

事实	判断
● 他打着领带	● 他打着领带所以是个白领
● 这间屋子温度 25℃，湿度 70%	● 这间屋子很闷热
● 那个人在奔跑	● 那个人在赶时间

滤镜（经验、先入观点）

判断 A　　判断 B

学会“观察力”吧！

何谓观察力	·查看事实真相的能力 ·区分事实和判断的思考能力

问题36

职场中要极力避免“差不多”“大约”“尽量”等，你知道为什么吗？

你有没有下意识地使用“很多、相当、倒是还、有一点、差不多、大约、我想、尽量”这类词语呢？在职场应该极力避免使用这些词，你知道为什么吗？

提示　“请你尽快完成”这句话会被怎样理解？还是“在X点之前完成”的说法更明确、更适当？

答案36

含混不清、抽象的表现无法传达意图

【解说】用数字（定量）传达你的观点

“很多、相当、尽量”等含混不清的词汇，所传达的概念太过抽象。要是在工作中用含混不清、抽象的词语传达资料，会让听者难以正确领会你想说的内容。

很多人喜欢在日常生活中使用含混不清的说法，目的是缓和人际关系。但在工作中，我们必须把事实和工作内容清晰地表述出来。

曾有一名员工被派往公司开设在海外的工厂传达工作任务。在表述时，他所用的语句都是诸如“尽量快点做完”“能做多少做多少”等，可当地的工人听了却全都无动于衷，没人动手干活。那名员工问他们为什么，得到回答是“你刚才说的是任务指示吗？”。他们认为既然可以不做，又为什么要做呢？

在日本也是同样，老员工对新员工下达指示时需要做到明确而具体，讲清楚“5W2H”，也就是说明“在几月几日几点之前”，用数字（定量）来明确表达。现今社会，什么不成文的规定都已经行不通了。

问题37

三星如何用本土化开拓海外市场？

都说三星利用本土化开拓海外市场立的做法大获成功。三星的本土化究竟做了什么呢？

提示　想想本土化的反义词是什么，接近于“标准化”。

答案37

对应当地规格

【解说】用三现主义提升步法

都说三星通过本土化开拓海外市场的做法大获成功。所谓“本土化”，指的是配合当地的生活模式和喜好来开发相应的产品和服务，也就是说“对应当地规格”。比如据说在中东，要是不给冰箱上锁，食物就会遭窃。生产带锁的冰箱，就能做到有别于其他海外企业的产品。

设计符合当地习惯的产品，对当地人也是非常具有魅力的差异化行为。反过来，哪怕一件商品在日本获得的评价再高，要是原封不动照搬到海外，也可能对当地人毫无吸引力。比如印度人喜欢冷风大制冷强劲的空调，并且他们觉得有噪声的空调更能给他们满足感，因为这让他们能感受到空调的存在。内藏风扇的空调满足了这些要求，所以在印度广受青睐。

用三现主义来提升步法吧。所谓三现主义，指“现场、现地、现实”。所谓百闻不如一见，建议你亲自前往现场，用你的五感来思考。

问题38

团队负责人要求你做市场分析，你该从何入手？

假设你加入了新产品开发团队，团队负责人要求你“做个彻底的市场分析”，然而你却不知道该从哪入手。首先应该做什么呢？

提示　想想“分析”这个词的意思吧。

答案38

先分开再解析

【解说】分析就是“分开解析”

带“分析”的名词很多，比如市场分析、财务分析、资料分析、物流分析、统计分析，等等。所谓分析，指的就是“分开解析”，“分”是分析的第一步。

就拿财务报表来举例。在财务分析中，需要将收入和成本分开，相减后得到利润。收入需要按月次划分，然后再按产品划分、按部门划分、按负责人划分……如此划分，就成了分析。

在市场分析中，如果从围绕自家公司的外部环境分析角度来思考，可以分为顾客分析、竞争对手分析、宏观环境分析。这三项是外部环境分析的框架。分成这三部分之后，再各作分析。比如“宏观环境分析”也被称作“PEST分析”，具体指分析政治（Politics）、经济（Economics）、社会（Society）和技术（Technology）四个要素。

再重复一遍，分析的意思是“分开解析”。如果从“划分”的角度来思考，分析应该就显得不那么复杂了吧。

麦肯锡顾问教你

先分开再解析，才易于找出对策

以收入分析和成本分析为例

所谓分析，指的是分开解析，“分”这个动作本身就等同于分析。下面就以利润分析和费用分析为例来深入理解“分析”的概念。

“利润”可以被分解为一个等式，即“利润=收入-成本”。只要进一步分解“收入”和“成本”，一份利润分析就诞生了。首先来分析收入。根据切入点的不同，收入的分析方法也各不相同，比如可以按产品类别、按业务种类、按销售区域、按月次等。其中，以产品类别为切入口，则可进一步划分为商品类型和单品等，商品类型又可以分为生活家电、季节性家电、厨房用品等。

再来看成本分析。成本大致分为“变动成本”和“固定成本”，也可以依照财务分析中标准化记账项目的经费区分来分析。在不同的分析中，可分析的种类有材料成本、人事成本、折旧成本、物流仓储成本等。材料费还可按产品、按业务、按月次进一步细分。

如果你看到分析二字感到手足无措，可以把它当成“分开解析”来思考，相信一定能找到头绪。

分析是分解要素

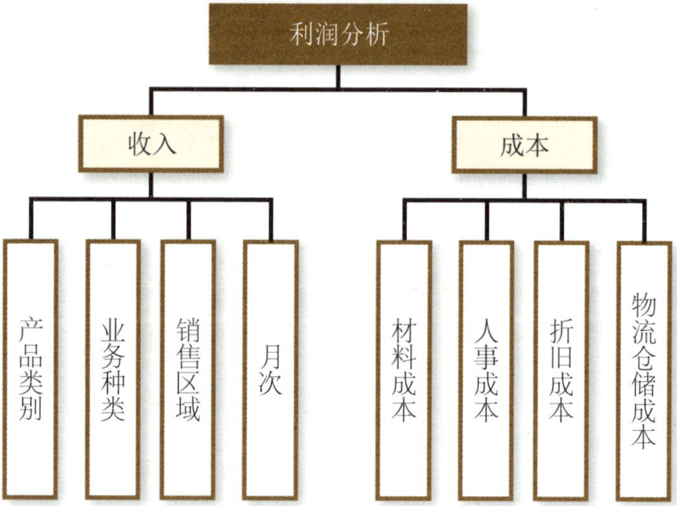

“ 分析 ”的意思是分开解析

① 划分收入和成本以体现利润；

② 解析收入，可按产品类别或业务种类等要素划分；

③ 解析成本可分为材料成本、人事成本等。

第五章　复习
刨根问底，找出对策，你需要这样做

本章介绍了如何在查明原因的过程中找出问题的真正根源、实施根本对策。

如果无论别人对你说什么，你都囫囵吞枣似地在脑子里过一遍就算完，那么久而久之，你就会染上不爱思考的恶习。要是想用自己的头脑积极地思考，就得时刻记得提出一个基本的问题——“Why”（为什么）。自己问自己：“真的是这样，为什么这样？”并且自我作答。

在丰田公司，“为什么”已经成了公司内的习惯之一。“为什么”具体指“五个为什么”，也就是连续问五个“为什么”。至于这样做的原因，在于丰田认为连续提问五个为什么，就能找到引发问题的真正原因。

当出现两人意见不统一的情况，在很多场合下其实是双方的观点都过于片面。由于混淆了“事实”和“判断”，彼此才会把各自的主观判断误认为是事实，产生相左的意见。

“事实”指任何人都无法否定的概念。如果现在有100个人，他们中的所有人都无法否定某概念，那么此概念就能被用来说服其他人。

所谓判断，是指个人经验主观意识对事实的看法，即“判断=事实+经验或主观意识”。“钻牛角尖”常常是因为对事实的误解或误判引发的。

只有采取“观察”的姿态，才能区分清楚事实和判断。所谓观察，指抛开自己的经验和主观意识形成的有色眼镜，看事物最真实的模样。我们从来都是戴着各自的有色眼镜看事实的。

如果能尽可能地以定量（数值化）形式来把握事实，我们就能极力排除含糊不清的判断。假设你判断“今天很热”，倒不如从“温度、湿度、风速”三方面，把数值作为冷暖的判断依据。

有一种行动准则，能帮助我们基于事实做出正确的判断，那就是“三现主义”。三现主义，指的是现场、现物、现实。通过三现主义提高自己的认知，你就能做出基于事实的正确判断，这比起坐在办公桌前自己琢磨靠谱得多。正所谓“百闻不如一见”。

此外，“分析”是能帮人正确认知事实的方法。“分析”，顾名思义，等于“分开解析”，财务分析就是个很好的例子。比如，把销售额和费用分开，可以算清利润有多少。在做类似于财务分析等分析资料的时候，只要想想应该把资料分解成什么要素就行了。

第六章

学会表达，让人一听就懂

如果不会“说”，那就先学会“听”

一个不善沟通的人如果想锻炼自己“说话”的技巧，难免会感到过程艰难。这时候不如转换一下思维，让自己成为一名合格的“倾听”者。都说“善于沟通的人都善于倾听”，这是为什么呢?

在日语中的“听（译作：聞く）”有三种解释，分别是“闻”“听”“问”，第一种“闻”意思是听，但指的是不过大脑听过就算的那种听；第二种“听”指是倾听，细心聆听他人发言的意思；第三种“问”则指的是询问。

也就是说，第三种“问”才是善于倾听的本质。

不善沟通、不知该说什么才好的人，可以试着向对方提问题。

比如向对方提问“看你气色不错，是不是掌握了什么养生秘诀”，再观察对方的反应。

要是对方真有养生秘诀，你们就能从这个话题聊开去；即便没有秘诀，对方也会因为你的这个问题而产生“虽然并没有刻意养生，但别人这样夸我我很开心”的念头，对话也能变得更轻松了。

在向对方提问时，最有效的方法是找出可夸赞的点，再观察对方最真实的反应就行了。

怎样简明地表述意见，让人一听就懂？

怎样才能在沟通时简明地表述自己的意见？

最简单且能立刻生效的方法是标记号码，仅仅这一个动作，就能让对话变得清晰。举个例子，你可以用“重点有3个：一是……；二是……；三是……”的方式来阐述。

另外，人类的短期记忆力是有极限的。所以，按照“魔法数字7”的法则，人的短期记忆极限在7个内容左右。一旦超过这个数字，还是建议把类似的内容归类，减少到7个之内再表述为宜。

在现实中，7作为上限而言太多了，一般把要素归纳到3个左右是最清楚的。人在不做笔记的情况下能记住的内容数量上限是3个，所以，重要的是你想说什么。把重点归纳到3个以内，这就能让你的表述变得简明易懂。关键在于把你想说的内容归纳成3部分，再开口说。

演讲的好方法

上司命令你“在下周一晨会上演讲，内容不限，时限五分钟”，你会怎么办？是不是整个周末都要满脸愁云了？那么，怎样做才能让你愉快地度过周末、甚至期待周一晨会的到来呢？

除此之外，想必你的朋友或部下也曾委托你在他们的婚礼上演讲。当那一天越来越近，你的心情是不是也变得越来越沉重？原本是个喜庆的日子，你也想以快乐的心情来迎接它，不是吗？

演讲总给许多人带来烦恼，但有一个好方法能帮助你消除烦恼、轻松写出演讲稿，那就是“金字塔结构”。用这种方法，你能轻而易举地把演讲内容整理在一张纸上。具体细节我会稍后介绍，感兴趣的读者还请务必读完本章。

问题39

经理把会议当演讲，有什么问题？

经理爱唠叨，一说起话来没个完，营销会议就是他的独角戏。一般都是他滔滔不绝三十分钟后扔下一句“我很忙，剩下的交给你们”，便离开了会议室。这样的会议，问题在哪里呢？

提示 字典里对“会议”的解释是“有组织有领导地商议事情的集会”。

答案39

没有意见的交换。没做任何决定。

【解说】演讲与沟通

“会议”的意思是“有组织有领导地商议事情的集会”，所以彼此意见的交换是最重要的。如果说话的只有经理一个人，那么完全没必要集合所有人，群发一封邮件就是了。

人与人之间当面传达资料的方式有两种，一是演讲（一对多），二是沟通（双向）。演讲指一个人单方面将资料传达出去的方式。这个问题中的经理所做的就是演讲。

要说会议的话，还是尽量以沟通而非演讲的方式为宜。演讲这一形式，在制作策划方案、报告书等需要寻求相关人员认可的场合下才有效。演讲完之后能够立刻确认听者是否认可，于是可以及时进入下一个步骤。

沟通指的是双向的资料交换。如果是开会，与会者必须认识到这是沟通的地方，大家应该建言献策给出解决问题的点子。以彼此的发现作为提示，找出更好的解决方案，这才是会议应有的形态。

问题40

答非所问，你该怎么办？

部下问上司：“上周的高尔夫比赛您打得如何？”谁知对方突然炫耀起了高尔夫球具。虽然驴唇不对马嘴，但部下也只能边听边奉承“哎呀，真厉害！”这样的沟通，存在什么问题呢？

提示　沟通需要建立在双方互相交流信息的基础上。

答案40

没有回答问题。没有信息交流。

【解说】沟通意味着对话的你来我往

所谓沟通，就是推进对话的你来我往。这个问题中，部下问的是上司的“成绩”，上司回答的却是“球具”。成绩和球具，话题过于跳跃，部下肯定后悔不该问上司这个问题。

沟通的最佳形态是做到双向的资料交换。一场愉快的对话，往往产生于做到了双向资料交换的沟通。

说句题外话，曾有一位在大学教授柔量知识的老师，他一碰见学生们闲聊就会支着耳朵在一边听。只要学生们的对话中出现“柔量”这个词，他就会一个箭步冲上前去，大谈“何谓柔量”。大约十分钟后，等说过瘾了，他才会心满意足地走开。此人每次都要说上十分钟，内容不变。

最重要的是，一定要根据目的来区分需要的是哪种形式，沟通还是演讲。如果是演讲，则必须有愿意演讲的人和愿意听讲的人，有了这两方才算万事俱备。

问题41

适合的管理宽度是多少？

有一个经营学中的经典概念，叫作“管理宽度”（Span of Control），它的意思是一个人能够同时控制的人数。比如，它可以指一名上司在力所能及的范围内能够管理的人数上限。你认为，管理宽度是多少人呢？

提示　“少数精锐”大约指多少人呢？

答案41

6个人

【解说】管理宽度概念已经过时？

“数”这个词很常用，比如数个、数人等。有人认为“数个”指的是比较好数清的数字，这个数字大约是6个。

经营学也把管理宽度定义在6个人。一名上司能够不费劲地管理最多6个人。6个人+1个上司，最多7个人，这就是一个少数精锐的团队。如果在开会时把与会者控制在7个人之内，会议就能顺利进行。

每个组织都是基于这一管理宽度法则被细分而来的。1个组长（班长）管理6个员工；1个主任管理6个组长，这样层层堆叠，组织层级（金字塔）就形成了。

但由于近年来管理的信息化，对部下的管理较以前变得容易许多。于是一些企业索性减少了中层管理，不设组长而由一名主任直接管理30名员工。如此一来中层管理的工作就成了员工兼管理，不仅自己需要输出，同时也要管理部下。

问题42

怎样才能做到说话简洁，避免没完没了的会议？

一次会议，上司开口的第一句是“今天有很重要的事跟大家说”，接着是“还有一点”“除此以外”“最后我想说”，一直到“我再补充两句”，可谓没完没了。部下们渐渐失去耐心，一心想着怎么还没说完。如何才能做到说话简洁呢？

提示　部下不知道领导想说的内容有哪些，只觉得一场会议望不到头。

答案42

在一开始把想说的整体内容告知听者，给话题编号

【解说】给话题编号，就能让表述变得简洁

站在听者的角度，发言者什么时候说完话是他们最关心的问题。一旦听到“最后”二字，听者便会对听讲的结束心生期待。然而，要是后面再出现什么“我再补充两句”，听者就会在瞬间失望，因为发言没有如期结束。这时他们就失去了听讲的耐心。

要想说得简明扼要，有一个可以现学现用的简单方法，那就是给话题编号。

你可以在会议一开始，就把大致发言的内容告知听众，比如告诉大家“我想说三点”。大家一听，“哦”原来有三点，自然会集中起注意力来。接着你就按顺序，把第一点、第二点、第三点内容逐一表述清楚，最后用“基于以上三点，还请大家做到xxxx”来收尾，这就是一段很简单明确的发言了。

打电话也是一样，要是用诸如“我有两件事想跟您说，一是……；二是……”的形式来沟通，就能很简单明了地向对方传达信息了。

问题43

为什么儿童类节目，大多具备三个要素？

在动画等面向儿童类节目中，大多具备了三个要素。《面包超人》《海贼王》《奥特曼》和战队题材作品，都符合儿童人气节目的共同法则。一个是“胜利”，另外两个是什么？

提示 《奥特曼》是发生在奥特曼与地球人的xx故事。为了胜利，奥特曼与地球人彼此xx，加深了xx。

答案43

“友情”“努力”

【解说】把重点归纳到三个左右

在儿童类作品中，有一条“热门法则”据说自从奥特曼诞生伊始流传到现在，那就是“友情”“努力”“胜利”三要素的循环。

《奥特曼》是发生在奥特曼与地球人的友情故事。为了加深友谊，双方必须为完成同一个目标付出“努力”。在他们一同奋斗、逐一击退威胁地球和平的敌人的过程中，友情也变得越发深厚。

如果和敌人战斗的只有奥特曼又会怎样？恐怕奥特曼会觉得地球人冷酷无情，最后灰心丧气地离开这颗星球吧。那样一来，这部剧一集就能完结了。地球人与他并肩作战是非常要紧的。

“胜利”是最后的结局。“努力的结果是胜利”，于是双方的友情也变得坚不可摧。而这深厚的友谊带来的结果，是当奥特曼不得不回归自己的星球上，所有人都流下了泪水。

这部剧同样是把终点清晰明确地归纳成了三个。

麦肯锡顾问教你

要想说得简明扼要，先把结论整理成三个要素

能轻松理解、记忆的数量

能让人一次性轻松理解并记住的要素数量是三个，这样记忆起来负担小，很容易在脑中留下印象。在说话之前，请把要说的话整理成三个要素，这很重要。

对于我说的“应该把要素整理到三个”，肯定有人反驳“三个怎么够”。不过，这些人之所以认为三个要素不够用，多半是因为他们脑子里的信息本身就很混乱。脑子乱成一锅粥的人，确实不擅长把信息归纳成三点。如果能用逻辑树把这些信息整理得井然有序，你对事物的认知力和记忆力也都会提升。

除此之外，要想把信息归纳成三个且基本做到MECE法则，就需要三个要素的层级感也就是资料项目的大小基本一致。如果层级感不一致，听者同样会听得云里雾里。就好比我们说，柔道的目的是锻炼“心・技・体”，这三个要素的层级感就很一致。统一层级，做到MECE法则，你就能做到简明扼要地发言了。

把要素整理成三个后再开始表述

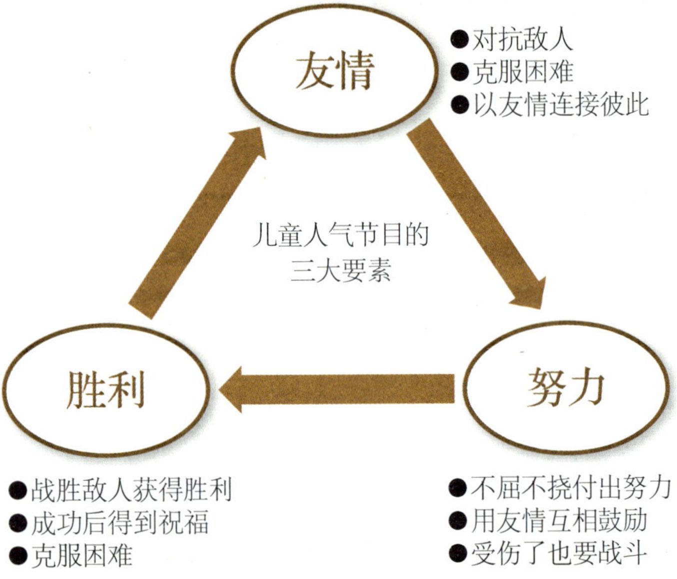

- 现实中人们能轻松把握的数量，三个
- 无需为精简而丢弃情报

问题44

什么样的年终汇报才能出彩？

作为人事考核的内容，员工每年都必须当着人事部和上司的面做五分钟汇报，内容是一年的工作成果。那么，如何才能完成一次简单明了的汇报呢？

提示　在简单明了地发言这一点上，演讲和汇报都差不多。

答案44

把发言均衡地整理成三个要点，以MECE法则方式归纳

【解说】使用框架做到MECE法则

想完成一次简单明了的演讲，重点有两个。

一是把要素整理成三个之后再开口，二是三个要素必须掌握好平衡，做到MECE法则（无遗漏、无重复）。

要做到以上两点，有个简便方法，那就是使用框架。

遇到人事考核，有一种名叫“上·中·下”的框架很好用，或者你愿意使用柔道运动方面的“心·技·体”也可以。只要套上一个均衡的框架，你就能无遗漏无重复地发言了。

这里我来介绍一下人事考核“上·中·下”的分析例子。“上”指你对高阶层即“公司”“所属部门”“上司”所做的三个贡献；“中”为“自己的贡献”“自己的成长”“为部门间横向合作所做的贡献”三项；“下”则是“作为领导者的贡献”“给部下的指导”“对部下的培养”三项。

如何，感觉这样能做到无遗漏、无重复地发言了吗？

麦肯锡
顾问教你

用好金字塔结构，整理资料不犯难

用一张纸写出发言稿

“金字塔结构”（金字塔构成法）能帮助我们在一张纸上写出发言大纲。尤其做演讲准备时，它能帮上很大的忙。另外，在制作大量PPT之前需要确定目录时，或是在写文章前必须明确梗概时，都可以让它来帮忙。

金字塔结构相比三角逻辑的“主张、论据、数据”，是更有体系的整理手法。

首先，把主张（结论）放在顶端，下面放三个左右论据以作支撑主张的说服材料。而在最下方，再给每个说服材料配上三个左右的论据。要是能根据需要加入事实案例，也就有了更有说服力的材料。

可用于演说

金字塔结构在演说的场合非常好用。无论是婚礼祝词、聚会上的小笑话，还是晨会的三分钟演讲，只要在手边准备这一张稿纸，自己该说什么、现在说到哪儿了，就立时一目了然。

说到发言的顺序，一般都是从闲聊开始，自然而然地带出主张。

接着，阐述三个左右支撑主张的论据，再以数据来证明它们的正当性。如果能够根据情况加入几个实例，则更容易引发听者的好感和想象。最后，用概括来确认论据和主张。

帮助我们有逻辑地整理资料

金字塔结构不仅能用在为发言而整理资料的场合。当你想要写一篇有逻辑的文章、有逻辑的报告书，或者制作宣讲材料，都可以使用这个工具。

为了加深对金字塔结构的了解，我们来举个例子吧。在这里，我想给你介绍的是曾经常被用在婚礼发言中的梗——“三个坡”。

发言一开头便是主张，即“恭喜两位，一定要幸福”，然后列举出“上坡、下坡、平地”作为支撑主张的说服材料。请看下面的例子。

第一个坡是“上坡”，指夫妻你侬我侬蜜里调油的状态。在这个状态下，会发生三件美好的事情：一是夫妻感情日益亲近；二是享受美好的人生；三是只要脚踏实、兢兢业业，就能过上安稳的生活。

第二个坡是“下坡”，指遇到难关度日艰难的状态。当遇到下坡时，请夫妻俩注意三点：一是两人必须齐心协力共同努力；二是一定要忍耐，如果两人都只顾自己闹情绪，家庭就只能破裂；三是双方要互相体贴，为对方着想。

第三个坡是“平地”。在“平地”中，隐藏着各种意外和不测，所以是考验夫妻感情的时刻。“平地”阶段需要注意的点也是三个：一是平时多留个心眼，防止意外发生；二是夫妻应经常沟通，努力克服各种困难；三是万一遇到难题，“我”这个媒人愿意随时为你们解忧，还请尽管开口。

综上所述，希望新人能克服先前提到的“上坡、下坡、平地”，做到夫妻和睦，构筑一个美满的小家庭。祝他们幸福。

由上面这个例子可以看出，为每个“坡”各附上的三条详细内容，使论据变得具体，想必听者也能更加心悦诚服。最后，再强调一遍“三个坡”，总结发言。

金字塔结构实例（婚礼发言）

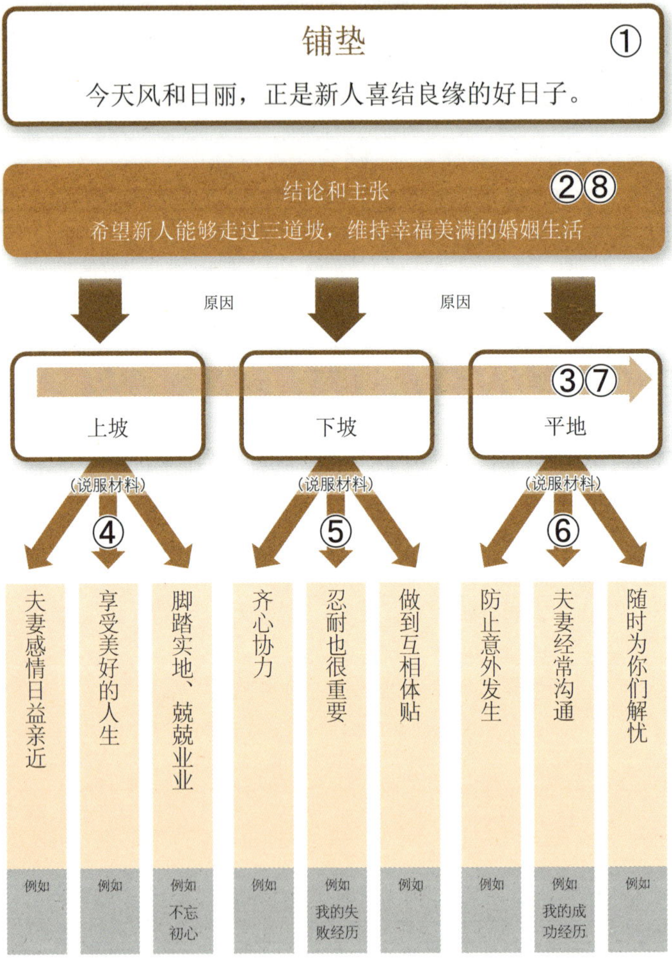

※序号指发言顺序

问题45

没有逻辑顺序的发言，应当要如何整理？

下面这几条内容是某公司员工的发言。你能看出他究竟想说什么吗？

①A国经济增长速度引人注目；②A国治安好；③A国生产成本约为日本的一半；④A国工业用地充足；⑤A国法律完善，比B国的风险低

提示　用金字塔结构理清，就能得出结论了。

答案45

从风险、生产、经济等方面可以看出，眼下进入A国发展事业正当时（例）

【解说】用金字塔结构整理资料

用金字塔结构把资料整理好，就能看清整体情况和结论了。要想把一堆乱七八糟的资料梳理成接近金字塔的结构，就需要做分类，也就是把能归为一类的项目集中在一起。

如果类别名称是“风险方面”，那么“②A国治安好”和“⑤A国法律完善，比B国的风险低”就能被归在同一类中。

接着，再划分一类，命名为“生产方面”，那么“③A国生产成本约为日本的一半”和“④A国工业用地充足”就能被归入其中。

最后只剩下“①A国经济增长速度引人注目”。我们不能忽略无法归类的内容，因为很多情况下这类内容中隐藏了很多要素。虽然它只有一条，但我们可以为它划分一类，命名为“销售方面”或“经济方面”。这样一来，说不定我们还能找到在销售经济方面尚缺的资料。

麦肯锡顾问教你

先分类整理再综合评价，零散的资料也可以得出结论

上司支离破碎的发言究竟想表达什么？

假设你的上司说了一段话，内容如第183页图表所示。这些内容没有经过整理，显得毫无重点、支离破碎。现在一起来思考一下上司究竟想说什么吧。

这位上司列举了诸如“指令传达不下去”“互联网社会部门对话越来越少”“部门内缺乏整体感”等观点，那么，应当如何整理这些看似散乱的资料？办法就是集中类似的项目，制作分组，然后给分组起名，由此来整理资料。

乍看之下上司的发言毫无重点，但其实可以分为三类。我试着把这三类分别命名为“缺少整体感”“无法把握员工”和“缺乏沟通”。

看着这三个分类，再对类别内的具体发言做出综合评价，就结论而言，可以推测上司的意思可能是“希望以后开晨会”之类。至于结论是否正确可以直接询问上司，如果正确，上司或许就会对你的机灵称赞有加。

整理支离破碎的发言

上司毫无重点的发言
指令传达不下去
不知道员工在想什么
面对面的机会越来越少
弄不清指令有没有传达到位
无法把握员工的行动
互联网社会部门内部对话越来越少
部门内缺乏整体感
人际关系疏远

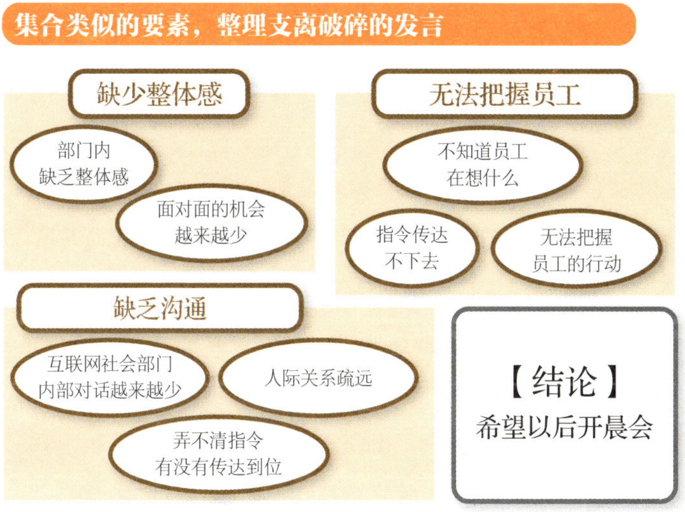
集合类似的要素，整理支离破碎的发言
缺少整体感
部门内缺乏整体感
面对面的机会越来越少
无法把握员工
不知道员工在想什么
指令传达不下去
无法把握员工的行动
缺乏沟通
互联网社会部门内部对话越来越少
人际关系疏远
弄不清指令有没有传达到位
【结论】
希望以后开晨会

第六章 复习

表达更清晰，沟通更顺畅，你需要这样做

本章介绍了表述的技巧。

之所以有人会说自己不擅长和人说话，是因为他希望自己成为一个“会说话”的人。这时候不如转换一下思维，让自己成为一名合格的“倾听”者。

在日语中的“听（写作：聞く）”有三种解释，分别是“闻”“听”“问”。“问”则指的是询问。也就是说，“问”才是善于倾听的本质。

不善沟通、不知该说什么才好的人，可以试着向对方提问题。

比如，向对方提问：“看你气色不错，是不是掌握了什么养生秘诀？”然后，观察对方的反应。

要是对方真有养生秘诀，你们就能从这个话题聊开去；即便没有秘诀，对方也会因为你的这个问题而产生“虽然并没有刻意养生，但别人这样夸我我很开心”的念头，对话也能变得更轻松了。

在向对方提问时，最有效的方法是找出可夸赞的点，观察对方最真

实的反应就行了。

怎样才能在沟通时简明扼要地表述自己的意见?

最简单且能立刻生效的方法是标记号码，仅仅这一个动作，就能让对话变得清晰。举个例子，你可以用“重点有三个：一是……；二是……；三是……”的方式来阐述。

人类的短期记忆力是有极限的。所以，按照“魔法数字七”的法则，人的短期记忆极限在七个内容左右。一旦超过这个数字，建议把类似的内容归类，浓缩到七个之内再表述为宜。

在现实中，七作为上限而言太多了，一般把要素归纳到三个左右是最清楚明了的。人能在不做笔记的情况下记住的内容数量上限是三个。

重要的是你想说什么。把重点归纳到三个以内，这就能让你的表述变得简明易懂。关键在于，请你把想说的内容归纳成三部分，再开口说。

想轻松制作发言大纲，有一种很简单的方法，那就是使用“金字塔结构”。它能帮我们轻而易举地将大纲整理在一张纸上。请务必亲自尝试一下。